교육역량강화!!

COSMETOLOGY PRACTICE
STUDY GUIDEBOOK

화장품학 실습 스터디 가이드북

[개정판]

메디시인

개정판에 즈음하여

화장품학 가이드북은 NCS기반 화장품학 교과목을 공부하는 학생과 이를 지도하는 분들에게 좀 더 쉽게 수행과정에 대한 방향 제시 및 평가서를 같이 사용할 수 있도록 구성하였다.

2022년도 직무에 따른 능력단위 개정 및 추가 사항을 삽입하였으며, 이를 교과목 프로파일로 교재의 앞부분에 삽입하여 본 교재를 사용 시 학습자가 교과목에 따른 능력단위를 충분히 숙지한 후 본 교재를 편리하게 사용할 수 있도록 편집하였다.

2023년 화장품 법규의 개정 부분 및 시행령과 시행규칙에 의거하여 수정사항을 삽입하였으며, 이해도를 돕기 위하여 관련 제품의 사진을 같이 첨부하여 학습자가 숙지하는 데 도움을 주고자 하였다.

기존의 많은 화장품학 전공서적을 바탕으로 하되, 연구 및 공부 시 전공서적에서 다루지 못한 부분을 학습자가 편리하게 사용할 수 있도록 화장품 가이드북에서는 이를 추가적으로 다루었다. 개정판에 즈음하여 이론은 매우 압축적이고 핵심요약으로 정리하였으며, 반면에 과제 및 토론을 제시하여 부족한 부분은 가이드북 외의 전공서적과 더불어 학습할 수 있도록 편집하였다.

화장품 전문가로서 처음 접하는 학습자가, 쉽게 다가오며 공부할 수 있도록 되도록 쉽게 이론 분야를 압축하였다. 그러므로 본서가 화장품에 대한 지식을 재매있게 쌓고 앞으로 화장품 분야에 대하여 많은 관심과 호기심을 가지고 연구할 수 있도록 학생들을 지도하는 첫걸음의 책이 되었으면 한다.

계묘년 새봄에

저자

차례

Contents

Chapter 04 기능성 화장품 사용하기

코드번호_ 1201010243_17v4.3

Chapter 05 두피관리 화장품 사용하기

코드번호_ 1201010243_17v4.4

Chapter 06 몸매관리 화장품 사용하기

코드번호_ 1201010243_17v4.5

차례

Chapter 07 색조 화장품 사용하기

코드번호_ 1201010234_16v3.1

Chapter 08 방향성 화장품 사용하기

코드번호_ 1201010243_17v4.6

Chapter. 01

NSC기반 화장품학 가이드

1201010243_17v4

Chapter. 1

NSC기반 화장품학 가이드

1201010243_17v4

1. 교과목_PROFILE

분류번호		능력단위명칭
1201010243_17v4		피부미용 화장품 사용
능력단위 정의	화장품 법규에 의거 분류된 유형별 화장품을 사용목적과 대상 부위에 맞게 기초, 기능성, 두피, 몸매관리, 방향성 화장품으로 구분하여 인체를 아름답게 가꾸는 데 사용하는 능력이다.	
능력단위명 〈코드〉	화장품 분류하기 〈1201010243_17v4.1〉 기초화장품 사용하기 〈1201010243_17v4.2〉 기능성 화장품 사용하기 〈1201010243_17v4.3〉 두피관리 화장품 사용하기 〈1201010243_17v4.4〉 몸매관리 화장품 사용하기 〈1201010243_17v4.5〉 방향성 화장품 사용하기 〈1201010243_17v4.6〉	
고려사항	1. 이 능력 단위는 화장품 법규에 의거 분류된 유형별 화장품을 사용목적과 대상 부위에 맞게 기초, 기능성, 두피, 몸매관리, 방향성 화장품으로 구분하여 인체를 아름답게 가꾸는 데 사용하는 직무에 적용된다. 2. 이 능력단위의 화장품의 정의와 분류는 모두 화장품 법규에 의한다. 3. 이 능력단위의 화장품과 의약품의 관계는 다음과 같다.	

	화장품	의약외품	의약품
대상	일반인	일반인, 환자	환자
목적	청결, 미화	위생 및 예방	진단, 치료 및 예방
사용기간	장시간, 지속적	장시간, 지속적	일정 기간
부작용	없어야 함	없어야 함	있을 수 있음
허가여부	제한 없음	승인	허가

<table>
<tr><td>고려사항</td><td colspan="3">4. 이 능력 단위의 기초화장품이란 화장품 법규에서 분류한 수렴 · 유연 · 영양 화장수, 마사지 크림, 에센스, 오일, 파우더, 바디 제품, 팩, 마스크, 눈 주위 제품, 로션, 크림 , 손 · 발의 피부연화 제품, 클렌징 워터, 클렌징 오일, 클렌징 로션, 클렌징 크림 등 메이크업 리무버, 그 밖의 기초화장용 제품류를 포함한다.
5. 이 능력 단위의 기능성 화장품은 화장품 법규 제2조제2호 각 목 외의 부분에서 "총리령으로 정하는 화장품"을 말한다.</td></tr>
<tr><td>자료 및 관련 서류</td><td>• 화장품 법규령
• 화장품 사용설명서
• 화장품학 관련 서적
• 화장품 성분분석표
• 화장품 제품설명서</td><td>장비 및 도구</td><td>• 컴퓨터 및 주변기기
• 화장품
• 빔프로젝터</td></tr>
<tr><td>재료</td><td colspan="3">• 기초화장품 • 두피관리 화장품 • 기타 관련 화장품류
• 기능성 화장품 • 몸매관리 화장품</td></tr>
<tr><td>평가지침</td><td colspan="3">1. 평가자는 능력단위 피부미용 기초화장품 사용의 수행준거에 제시되어 있는 내용을 평가하기 위해 이론과 실기를 나누어 평가하거나 종합적인 결과물의 평가 등 다양한 평가 방법을 사용할 수 있다.
2. 피 평가자의 과정평가 및 결과평가 방법</td></tr>
</table>

평가방법		A	B	C	D	E	F	G	H	I	J	K	L	M
평가유형	과정평가	√					√	√	√					√
	결과평가	√		√		√		√						√

A. 포트폴리오 B. 문제해결 시나리오 C. 서술형 시험 D. 논술형 시험
E. 사례연구 F. 평가자 질문 G. 평가자 체크리스트 H. 피평가자 체크리스트
I. 일지/저널 J. 역할연기 K. 구두발표 L. 작업장평가 M. 기타

<table>
<tr><td>평가 시 고려사항</td><td colspan="2">1. 수행준거에 제시되어 있는 내용을 성공적으로 수행할 수 있는지를 평가해야 한다.
2. 평가자는 다음 사항을 평가해야 한다.
• 화장품 법규에 대한 지식
• 화장품 사용 시 주의사항 및 응용 능력
• 화장품 보관 능력
• 문서 기록 및 작성 능력
• 화장품 분류에 따른 화장품 사용 능력
• 화장품의 물리 · 화학적 이해 능력
• 화장품 종류 · 성분 및 사용법 능력</td></tr>
<tr><td>능력단위 명칭〈코드〉</td><td>지식(K), 기술(S), 태도(A)</td><td>수행준거(평가내용)</td></tr>
<tr><td>화장품 분류하기 〈1201010243_17v4.1〉</td><td></td><td>1.1 화장품 법규에 따른 화장품 유형을 분류할 수 있다.
1.2 화장품 유형에 따라 분류된 화장품의 효능 효과를 설명할 수 있다.
1.3 화장품 법규에 따른 화장품의 주의사항을 설명할 수 있다.</td></tr>
</table>

능력단위 명칭<코드>	지식(K), 기술(S), 태도(A)	수행준거(평가내용)
화장품 분류하기 <1201010243_17v4.1>	지식(K)	• 화장품학 • 화장품 법규 • 피부관리학
	기술(S)	• 화장품 분류 능력 • 화장품 사용을 위한 상담 능력
	태도(A)	• 화장품 법규 숙지에 대한 적극적 태도 • 안전기준 준수하는 태도
기초화장품 사용하기 <1201010243_17v4.2>		2.1 사용목적에 따라 기초화장품을 분류할 수 있다. 2.2 화장수의 종류 및 특징을 이해하고 사용목적에 따라 화장수를 적용할 수 있다. 2.3 유액의 종류 및 특징을 이해하고 사용목적에 따라 유액을 적용할 수 있다. 2.4 크림의 종류 및 특징을 이해하고 사용목적에 따라 크림을 사용할 수 있다.
	지식(K)	• 화장품학 • 피부관리학
	기술(S)	• 피부 유형별 화장품 선택 사용능력 • 사용목적에 따른 화장품 선택 사용능력 • 화장품을 위생적으로 사용하고 보관하는 능력
	태도(A)	• 고객을 배려하려는 태도 • 화장품의 기본 원리를 파악하려는 탐구적 태도 • 관련 기본 지식들을 상담에 활용하려는 적극적 태도 • 위생기준을 준수하는 태도
기능성 화장품 사용하기 <1201010243_17v4.3>		3.1 사용목적에 따라 기능성 화장품을 선택할 수 있다. 3.2 선택한 기능성 화장품을 위생적으로 사용할 수 있다. 3.3 사용되는 기능성 화장품의 특성을 고객에게 설명할 수 있다.
	지식(K)	• 기능성 화장품의 종류 및 성분 • 화장품 종류 · 성분 및 사용법 • 피부유형별 특징과 관리방법 • 화장품 위생 이론
	기술(S)	• 피부분석 능력 • 사용목적에 따른 화장품 선택 사용능력 • 화장품을 위생적으로 사용하고 보관하는 능력

능력단위 명칭〈코드〉	지식(K), 기술(S), 태도(A)	수행준거(평가내용)
	태도(A)	• 고객을 배려하려는 태도 • 화장품의 기본 원리를 파악하려는 탐구적 태도 • 관련 기본 지식들을 상담에 활용하려는 적극적 태도 • 위생기준을 준수하는 태도
두피관리 화장품 사용하기 〈1201010243_17v4.4〉		4.1 두피 특성에 따라 두피관리 화장품을 선택할 수 있다. 4.2 선택한 두피관리 화장품을 위생적으로 사용할 수 있다. 4.3 사용되는 두피관리 화장품의 특성을 고객에게 설명할 수 있다.
	지식(K)	• 두피 특성의 이해 • 인체생리 • 두피관리 화장품 종류 및 성분 • 화장품 위생 이론
	기술(S)	• 두피상태를 파악하는 능력 • 두피관리 테크닉 • 두피관리 화장품 도포 능력
	태도(A)	• 고객을 배려하려는 태도 • 두피관리 화장품의 기본 원리를 파악하려는 탐구적 태도 • 관련 기본 지식들을 상담에 활용하려는 적극적 태도 • 위생기준을 준수하는 태도
몸매관리 화장품 사용하기 〈1201010243_17v4.5〉		5.1 신체 부위별 피부 상태에 따라 몸매관리 화장품을 선택할 수 있다. 5.2 선택한 몸매화장품을 위생적으로 사용할 수 있다. 5.3 사용되는 몸매화장품의 특성을 고객에게 설명할 수 있다.
	지식(K)	• 몸매관리 화장품 종류 및 성분 • 피부유형별 특징과 관리방법 • 화장품 위생 이론
	기술(S)	• 몸매관리 화장품 구분 능력 • 신체 부위별 화장품 도포 기술 • 몸매관리 테크닉 능력
	태도(A)	• 고객을 배려하려는 태도 • 몸매관리 화장품의 기본 원리를 파악하려는 탐구적 태도 • 관련 기본 지식들을 상담에 활용하려는 적극적 태도 • 위생기준을 준수하는 태도
직업 기초능력	의사소통능력, 문제해결능력, 자원관리능력, 대인관계능력, 기술능력, 직업윤리	

분류번호	능력단위명칭
1201010243_17v3	피부미용 향 · 색조화장품 사용

능력단위 정의	색조화장품과 방향성 화장품을 활용하여 인체와 피부를 아름답게 가꾸는 데 사용하는 능력이다.
능력단위명 〈코드〉	색조화장품 사용하기 〈1201010234_16v3.1〉 방향성 화장품 사용하기 〈1201010243_17v4.6〉
고려사항	1. 이 능력 단위는 색조화장품과 방향성 화장품으로 인체와 피부를 아름답게 가꾸는 데 사용하는 직무에 적용된다. 2. 이 능력단위의 색조화장품은 화장품 법규에서 분류한 볼연지, 페이스 파우더(face powder), 페이스 케이크(face cakes), 리퀴드(liquid) · 크림 · 케이크 파운데이션(foundation), 메이크업 베이스(make-up bases), 메이크업 픽서티브(make-up fixatives), 립스틱, 립라이너(lip liner), 립글로스(lip gloss), 립밤(lip balm),바디페인팅(body painting), 분장용 제품, 그 밖의 색조 화장용 제품류를 포함한다. 3. 이 능력 단위의 방향성 화장품은 화장품 법규에서 정한 향수, 분말향, 향낭, 콜롱(cologne), 그 밖의 방향용 제품류를 포함한다.

자료 및 관련 서류	장비 및 도구
• 화장품 사용설명서 • 화장품학 관련 서적 • 화장품 성분분석표 • 화장품 제품 설명서	• 컴퓨터 및 주변기기 • 화장품 • 빔프로젝터

재료: • 방향성 화장품 • 색조화장품

평가지침

1. 평가자는 능력 단위 피부미용 향 · 색조화장품 사용의 수행준거에 제시되어 있는 내용을 평가하기 위해 이론과 실기를 나누어 평가하거나 종합적인 결과물의 평가 등 다양한 평가 방법을 사용할 수 있다.
2. 피평가자의 과정평가 및 결과평과 발표

평가방법		A	B	C	D	E	F	G	H	I	J	K	L	M
평가유형	과정평가	√					√	√	√					
	결과평가	√		√		√		√						

A. 포트폴리오 B. 문제해결 시나리오 C. 서술형 시험 D. 논술형 시험
E. 사례연구 F. 평가자 질문 G. 평가자 체크리스트 H. 피평가자 체크리스트
I. 일지/저널 J. 역할연기 K. 구두발표 L. 작업장평가 M. 기타

평가 시 고려사항

1. 수행준거에 제시되어 있는 내용을 성공적으로 수행할 수 있는지를 평가해야 한다.
2. 평가자는 다음 사항을 평가해야 한다.
   - 화장품 사용 시 주의사항 및 응용 능력
   - 화장품 보관 능력
   - 문서 기록 및 작성 능력
   - 화장품 분류에 따른 화장품 사용 능력
   - 화장품의 물리 · 화학적 이해 능력
   - 화장품 종류 · 성분 및 사용법 능력

능력단위 명칭〈코드〉	지식(K), 기술(S), 태도(A)	수행순거(평가내용)
색조화장품 사용하기 〈1201010234_16v3.1〉		1.1 피부부위별 상태, 피부유형을 고려하여 색조화장품을 선택할 수 있다. 1.2 선택한 색조화장품을 위생적으로 사용할 수 있다. 1.3 사용되는 색조화장품의 특성을 고객에게 설명할 수 있다.
	지식(K)	• 색조화장품 종류 및 성분 • 화장품 종류 · 성분 및 사용법 • 피부유형별 특징과 관리방법 • 화장품 위생 이론
	기술(S)	• 피부 유형에 적합한 색조화장품 선택하는 능력 • 색조화장품을 위생적으로 사용하고 보관하는 능력 • 부위에 맞게 잘 바르는 능력
	태도(A)	• 고객을 배려하려는 태도 • 화장품의 기본 원리를 파악하려는 탐구적 태도 • 관련 기본 지식들을 상담에 활용하려는 적극적 태도 • 위생기준을 준수하는 태도
방향성 화장품 사용하기 〈1201010243_17v4.6〉		2.1 성분과 함량에 따라 방향성 화장품의 종류를 구분할 수 있다. 2.2 시간, 장소, 날씨, 목적에 따라 위생적으로 방향성 화장품을 사용할 수 있다. 2.3 방향성 화장품 사용에 따른 금기사항을 고객에게 설명할 수 있다.
	지식(K)	• 방향성 화장품 종류 및 성분 • 인체생리 이론 • 화장품 위생 이론
	기술(S)	• 블렌딩 능력 • 향 구분 능력 • 사용량조절 능력
	태도(A)	• 고객을 배려하려는 태도 • 화장품의 기본 원리를 파악하려는 탐구적 태도 • 관련 기본 지식들을 상담에 활용하려는 적극적 태도 • 위생기준을 준수하는 태도
직업 기초능력	의사소통능력, 문제해결능력, 자원관리능력, 대인관계능력, 기술능력, 직업윤리	

2. 직무정보

<table>
<tr><td rowspan="2">직 무</td><td rowspan="2">피부미용</td><td>능력단위
분류번호</td><td>1201010233_16v3</td></tr>
<tr><td>능력단위</td><td>피부미용 기초화장품 사용</td></tr>
<tr><td>직무 목적</td><td colspan="3">화장품 법규에 의거 분류된 유형별 화장품을 사용목적과 대상 부위에 맞게 기초, 기능성, 두피, 몸매화장품으로 구분하여 인체를 아름답게 가꾸는 데 사용할 수 있다.</td></tr>
<tr><td>개발 날짜</td><td>2016. 6. 28</td><td>개발 기관</td><td>사)한국피부미용사회 중앙회</td></tr>
<tr><td>주요 업무</td><td colspan="3">책임 및 역할</td></tr>
<tr><td>화장품 분류하기</td><td colspan="3">• 화장품 법규에 따른 화장품 유형을 분류한다.
• 화장품 유형에 따라 분류된 화장품의 효능효과를 설명한다.
• 화장품 법규에 따른 화장품의 주의사항을 설명한다.</td></tr>
<tr><td>기초화장품 사용하기</td><td colspan="3">• 사용목적에 따라 기초화장품을 분류한다.
• 화장수의 종류 및 특징을 이해하고 사용목적에 따라 화장수를 적용한다.
• 유액의 종류 및 특징을 이해하고 사용목적에 따라 유액을 적용한다.
• 크림의 종류 및 특징을 이해하고 사용목적에 따라 크림을 적용한다.</td></tr>
<tr><td>기능성 화장품 사용하기</td><td colspan="3">• 사용목적에 따라 기능성 화장품을 선택한다.
• 선택한 기능성 화장품을 위생적으로 사용한다.
• 사용되는 기능성 화장품의 특성을 고객에게 설명한다.</td></tr>
<tr><td>두피관리 화장품 사용하기</td><td colspan="3">• 두피 특성에 따라 두피관리 화장품을 선택한다.
• 선택한 두피관리 화장품을 위생적으로 사용한다.
• 사용되는 두피관리 화장품의 특성을 고객에게 설명한다.</td></tr>
<tr><td>몸매관리 화장품 사용하기</td><td colspan="3">• 신체 부위별 피부 상태에 따라 몸매화장품을 선택한다.
• 선택한 몸매관리 화장품을 위생적으로 사용한다.
• 사용되는 몸매관리 화장품의 특성을 고객에게 설명한다.</td></tr>
<tr><td>직무수행 요건</td><td colspan="3">상세 내용</td></tr>
<tr><td rowspan="2">학습경험</td><td colspan="2">• 고등학교 졸업</td><td>(전공 : 피부미용 관련과)</td></tr>
<tr><td colspan="2">• 피부미용 초급 과정</td><td>(분야 : 피부미용)</td></tr>
</table>

직무수행 요건	상세 내용
자격증	• 미용사(피부) • CIDESCO (국제피부미용위원회) 자격
지식 · 기술	• 화장품 법규 • 화장품 종류 및 성분 • 화장품의 역할에 대한 이해 • 피부 알레르기 반응 구분 및 해소방법 • 화장품 보관 방법 • 화장품 유형 • 기초화장품 종류 및 성분 • 화장품 사용 방법 • 기능성 화장품의 종류 및 성분 • 피부유형별 특징과 관리방법 • 화장품 위생 이론 • 두피 특성의 이해 • 인체생리 • 두피관리 화장품 종류 및 성분 • 몸매관리 화장품 종류 및 성분 • 화장품 분류 능력 • 화장품 사용을 위한 상담 능력 • 피부 유형별 화장품 선택 사용능력 • 사용목적에 따른 화장품 선택 사용능력 • 화장품을 위생적으로 사용하고 보관하는 능력 • 두피상태를 파악하는 능력 • 두피관리 테크닉 • 두피관리 화장품 도포 능력 • 몸매관리 화장품 구분 능력 • 신체 부위별 화장품 도포 기술 • 몸매관리 테크닉 능력
사전직무경험	
직무숙련기간	약 9개월

<table>
<tr><td rowspan="2">직 무</td><td rowspan="2">피부미용</td><td>능력단위
분류번호</td><td>1201010234_16v3</td></tr>
<tr><td>능력단위</td><td>피부미용
향 · 색조화장품 사용</td></tr>
<tr><td>직무 목적</td><td colspan="3">색조화장품과 방향성 화장품을 활용하여 인체와 피부를 아름답게 가꾸는 데 사용할 수 있다.</td></tr>
<tr><td>개발 날짜</td><td>2016. 6. 28</td><td>개발 기관</td><td>사)한국피부미용사회
중앙회</td></tr>
<tr><td>주요 업무</td><td colspan="3">책임 및 역할</td></tr>
<tr><td>색조화장품
사용하기</td><td colspan="3">• 피부부위별 상태, 피부유형을 고려하여 색조화장품을 선택한다.
• 선택한 색조화장품을 위생적으로 사용한다.
• 사용되는 색조화장품의 특성을 고객에게 설명한다.</td></tr>
<tr><td>방향성 화장
품 사용하기</td><td colspan="3">• 종류에 따라 방향성 화장품을 분류한다.
• 시간, 장소, 날씨, 목적에 따라 위생적으로 방향성 화장품을 사용한다.
• 방향성 화장품 사용에 따른 금기사항을 고객에게 설명한다.</td></tr>
<tr><td>직무수행
요건</td><td colspan="3">상세 내용</td></tr>
<tr><td rowspan="2">학습경험</td><td colspan="2">• 고등학교 졸업</td><td>(전공 : 피부미용 관련과)</td></tr>
<tr><td colspan="2">• 피부미용 초급 과정</td><td>(분야 : 피부미용)</td></tr>
<tr><td>자격증</td><td colspan="3">• 미용사(피부)
• CIDESCO (국제피부미용위원회) 자격</td></tr>
<tr><td>지식 · 기술</td><td colspan="3">• 색조화장품 종류 및 성분
• 화장품 종류 · 성분 및 사용법
• 피부유형별 특징과 관리방법
• 화장품 위생 이론
• 방향성 화장품 종류 및 성분
• 인체생리 이론
• 피부 유형에 적합한 색조화장품 선택하는 능력
• 색조화장품을 위생적으로 사용하고 보관하는 능력
• 부위에 맞게 잘 바르는 능력
• 블렌딩 능력
• 향 구분 능력
• 사용량조절 능력</td></tr>
<tr><td>사전직무경험</td><td colspan="3"></td></tr>
<tr><td>직무숙련기간</td><td colspan="3">약 3개월</td></tr>
</table>

Chapter. 02

화장품 분류하기

1201010243_17v4.1

1. 화장품의 유형
2. 유형에 따른 화장품의 효능 · 효과
3. 화장품의 사용 시 주의사항

Chapter 2

화장품 분류하기

1201010243_17v4.1

1. 화장품의 유형

1. 화장품의 이해

"화장품"이란 인체를 청결·미화하여 매력을 더하고 용모를 밝게 변화시키거나 피부·모발의 건강을 유지 또는 증진하기 위하여 인체에 바르고 문지르거나 뿌리는 등 이와 유사한 방법으로 사용되는 물품으로써 인체에 대한 작용이 경미한 것으로 인체의 청결, 보습, 보호 및 피부활성과 미화 등의 기능을 갖는 제품을 말한다.

2. 사용 목적

① 전신의 피부를 청결하게 유지 · 관리하기 위하여 사용한다.
② 자기 미화와 매력을 더하는 표현을 함으로써 남녀노소를 불문하고 아름다움에 대한 욕구를 만족시킨다.
③ 외부의 자극(자외선, 건조, 한냉, 열 등)으로부터 피부를 보호하여 건강하게 유지시킨다.
④ 노화 방지 및 쾌적한 생활을 즐기기 위해 사용한다.
⑤ 자신감을 갖기 위해 사용한다.
⑥ 타인에게 좋은 이미지를 연출하기 위해 사용한다.

3. 화장품 관련 법규와 그에 따른 화장품의 유형

(1) 화장품 관련 법규

화장품법	법률 제18448호 일부개정 2021.8.17 시행일 2022.2.18 일부개정
화장품법 시행령	대통령령 제32445호 일부개정 2012.2.15 시행일 2022.12.20 일부개정
화장품법 시행규칙	총리령 제1795호 일부개정 2022.2.18 시행일 2022.6.19 일부개정

법 제1조 목적

이 법은 화장품의 제조 · 수입 및 판매 등에 관한 사항을 규정함으로써 국민보건 향상과 화장품 산업의 발전에 기여함을 목적으로 한다.

법 제2조 정의

이 법에서 사용하는 용어의 뜻은 다음과 같다. 〈개정 2020. 04. 7〉

1. "화장품"이란 인체를 청결 · 미화하여 매력을 더하고 용모를 밝게 변화시키거나 피부 · 모발의 건강을 유지 또는 증진하기 위하여 인체에 바르고 문지르거나 뿌리는 등 이와 유사한 방법으로 사용되는 물품으로서 인체에 대한 작용이 경미한 것을 말한다. 다만, 「약사법」 제2조제4호의 의약품에 해당하는 물품은 제외한다.
2. "기능성 화장품"이란 화장품 중에서 다음 각 목의 어느 하나에 해당되는 것으로서 총리령으로 정하는 화장품을 말한다.
   가. 피부의 미백에 도움을 주는 제품
   나. 피부의 주름개선에 도움을 주는 제품
   다. 피부를 곱게 태워주거나 자외선으로부터 피부를 보호하는 데에 도움을 주는 제품
   라. 모발의 색상 변화 · 제거 또는 영양공급에 도움을 주는 제품
   마. 피부나 모발의 기능 약화로 인한 건조함, 갈라짐, 빠짐, 각질화 등을 방지하거나 개선하는 데에 도움을 주는 제품

[시행규칙 제2조 기능성화장품의 범위]

「화장품법」(이하"법"이라 한다) 제2조제2호 각 목의 부분에서 "총리령으로 정하는 화장품"이란 다음 각 호의 화장품을 말한다.

1. 피부에 멜라닌색소가 침착하는 것을 방지하여 기미 · 주근깨 등의 생성을 억제함으로써 피부의 미백에 도움을 주는 기능을 가진 화장품
2. 피부에 침착된 멜라닌색소의 색을 엷게 하여 피부의 미백에 도움을 주는 기능을 가진 화장품
3. 피부에 탄력을 주어 피부의 주름을 완화 또는 개선하는 기능을 가진 화장품
4. 강한 햇볕을 방지하여 피부를 곱게 태워주는 기능을 가진 화장품
5. 자외선을 차단 또는 산란시켜 자외선으로부터 피부를 보호하는 기능을 가진 화장품
6. 모발의 색상을 변화[탈염(脫染) · 탈색(脫色)을 포함한다]시키는 기능을 가진 화장품. 다만, 일시적으로 모발의 색상을 변화시키는 제품은 제외한다.
7. 체모를 제거하는 기능을 가진 화장품. 다만, 물리적으로 체모를 제거하는 제품은 제외한다.
8. 탈모 증상의 완화에 도움을 주는 화장품. 다만, 코팅 등 물리적으로 모발을 굵게 보이게 하는 제품은 제외한다.
9. 여드름성 피부를 완화하는 데 도움을 주는 화장품. 다만, 인체세정용 제품류로 한정한다.
10. 피부장벽(피부의 가장 바깥 쪽에 존재하는 각질층의 표피를 말한다)의 기능을 회복하여 가려움 등의 개선에 도움을 주는 화장품
11. 튼살로 인한 붉은 선을 엷게 하는 데 도움을 주는 화장품

2의2. "**천연화장품**"이란 동식물 및 그 유래 원료 등을 함유한 화장품으로서 식품의약품안전처장이 정하는 기준에 맞는 화장품을 말한다.

3. "**유기농화장품**"이란 유기농 원료, 동식물 및 그 유래 원료 등으로 제조되고, 식품의약품안전처장이 정하는 기준에 맞는 화장품을 말한다.

4. "**안전용기·포장**"이란 만 5세 미만의 어린이가 개봉하기 어렵게 설계 · 고안된 용기나 포장을 말한다.

[시행규칙 제9조 안전용기 · 포장]

① 화장품책임판매업자 및 맞춤형화장품판매업자는 화장품을 판매할 때에는 어린이가 화장품을 잘못 사용하여 인체에 위해를 끼치는 사고가 발생하지 아니하도록 안전용기 · 포장을 사용하여야 한다.
② 제1항에 따라 안전용기 · 포장을 사용하여야 할 품목 및 용기 · 포장의 기준 등에 관하여는 총리령으로 정한다.

[시행규칙 제18조 안전용기·포장 대상 품목 및 기준]

① 법 제9조제1항에 따른 안전용기 · 포장을 사용해야 하는 품목은 다음 각 호와 같다. 다만, 일회용 제품, 용기 입구 부분이 펌프 또는 방아쇠로 작동되는 분무용기 제품, 압축 분무용기 제품(에어로졸 제품 등)은 제외한다.
〈개정 2021. 9. 10.〉

1. 아세톤을 함유하는 네일 에나멜 리무버 및 네일 폴리시 리무버
2. 어린이용 오일 등 개별포장 당 탄화수소류를 10퍼센트 이상 함유하고 운동점도가 21센티스톡스(섭씨 40도 기준) 이하인 에멀션 형태가 아닌 액체상태의 제품
3. 개별포장당 메틸 살리실레이트를 5퍼센트 이상 함유하는 액체상태의 제품

② 제1항에 따른 안전용기 · 포장은 성인이 개봉하기는 어렵지 아니하나 만 5세 미만의 어린이가 개봉하기는 어렵게 된 것이어야 한다. 이 경우 개봉하기 어려운 정도의 구체적인 기준 및 시험방법은 산업통상자원부장관이 정하여 고시하는 바에 따른다.

5. "**사용기한**"이란 화장품이 제조된 날부터 적절한 보관 상태에서 제품이 고유의 특성을 간직한 채 소비자가 안정적으로 사용할 수 있는 최소한의 기한을 말한다.
6. "**1차 포장**"이란 화장품 제조 시 내용물과 직접 접촉하는 포장용기
7. "**2차 포장**"이란 1차 포장을 수용하는 1개 또는 그 이상의 포장과 보호재 및 표시의 목적으로 한 포장(첨부문서 등을 포함한다)을 말한다.
8. "**표시**"란 화장품의 용기 · 포장에 기재하는 문자 · 숫자 또는 도형을 말한다.

[법 제10조 화장품의 기재사항]

① 화장품의 1차 포장 또는 2차 포장에는 총리령으로 정하는 바에 따라 다음 각 호의 사항을 기재 · 표시하여야 한다. 다만, 내용량이 소량인 화장품의 포장 등 총리령으로 정하는 포장에는 화장품의 명칭, 화장품책임판매업자 및 맞춤형화장품판매업자의 상호, 가격, 제조번호와 사용기한 또는 개봉 후 사용기간(개봉 후 사용기간을 기재할 경우에는 제조연월일을 병행 표기하여야 한다. 이하 이 조에서 같다)만을 기재 · 표시할 수 있다. 〈개정 2018. 3. 13.〉

1. 화장품의 명칭
2. 영업자의 상호 및 주소
3. 해당 화장품 제조에 사용된 모든 성분(인체에 무해한 소량 함유 성분 등 총리령으로 정하는 성분은 제외한다)
4. 내용물의 용량 또는 중량
5. 제조번호
6. 사용기한 또는 개봉 후 사용기간
7. 가격
8. 기능성화장품의 경우 "기능성화장품"이라는 글자 또는 기능성화장품을 나타내는 도안으로서 식품의약품안전처장이 정하는 도안
9. 사용할 때의 주의사항
10. 그 밖에 총리령으로 정하는 사항

② 제1항 각 호 외의 부분 본문에도 불구하고 다음 각 호의 사항은 1차 포장에 표시하여야 한다. 다만, 소비자가 화장품의 1차 포장을 제거하고 사용하는 고형비누 등 총리령으로 정하는 화장품의 경우에는 그러하지 아니한다.
〈개정 2021. 8. 17.〉

1. 화장품의 명칭
2. 영업자의 상호
3. 제조번호
4. 사용기한 또는 개봉 후 사용기간

③ 제1항에 따른 기재사항을 화장품의 용기 또는 포장에 표시할 때 제품의 명칭, 영업자의 상호는 시각장애인을 위한 점자 표시를 병행할 수 있다.
〈개정 2018. 3. 13.〉

④ 제1항 및 제2항에 따른 표시기준과 표시방법 등은 총리령으로 정한다. 〈개정 2013. 3. 23.〉

[시행규칙 제19조 화장품 포장의 기재 · 표시 등]

① 법 제10조제1항 단서에 따라 다음 각 호에 해당하는 1차 포장 또는 2차 포장에는 화장품의 명칭, 화장품책임판매업자 또는 맞춤형화장품판매업자의 상호, 가격, 제조번호와 사용기한 또는 개봉 후 사용기간(개봉 후 사용기간을 기재할 경우에는 제조연월일을 병행 표기하여야 한다)만을 기재 · 표시할 수 있다. 다만, 제2호의 포장의 경우 가격이란 견본품이나 비매품 등의 표시를 말한다. 〈개정 2020. 3. 13.〉

1. 내용량이 10밀리리터 이하 또는 10그램 이하인 화장품의 포장
2. 판매의 목적이 아닌 제품의 선택 등을 위하여 미리 소비자가 시험 · 사용하도록 제조 또는 수입된 화장품의 포장

② 법 제10조제1항제3호에 따라 기재 · 표시를 생략할 수 있는 성분이란 다음 각 호의 성분을 말한다.〈개정 2020. 3. 13.〉

1. 제조과정 중에 제거되어 최종 제품에는 남아 있지 않은 성분
2. 안정화제, 보존제 등 원료 자체에 들어 있는 부수 성분으로서 그 효과가 나타나게 하는 양보다 적은 양이 들어 있는 성분
3. 내용량이 10밀리리터 초과 50밀리리터 이하 또는 중량이 10그램 초과 50그램 이하 화장품의 포장인 경우에는 다음 각 목의 성분을 제외한 성분

가. 타르색소
나. 금박
다. 샴푸와 린스에 들어 있는 인산염의 종류
라. 과일산(AHA)
마. 기능성화장품의 경우 그 효능 · 효과가 나타나게 하는 원료
바. 식품의약품안전처장이 사용 한도를 고시한 화장품의 원료

③ 법 제10조제1항제9호에 따라 화장품의 포장에 기재 · 표시하여야 하는 사용할 때의 주의사항은 별표 3과 같다.

④ 법 제10조제1항제10호에 따라 화장품의 포장에 기재 · 표시하여야 하는 사항은 다음 각 호와 같다. 다만, 맞춤형화장품의 경우에는 제1호 및 제6호를 제외한다. 〈개정 2022. 2. 18.〉

1. 식품의약품안전처장이 정하는 바코드
2. 기능성화장품의 경우 심사받거나 보고한 효능 · 효과, 용법 · 용량
3. 성분명을 제품 명칭의 일부로 사용한 경우 그 성분명과 함량(방향용 제품은 제외한다)
4. 인체 세포 · 조직 배양액이 들어있는 경우 그 함량
5. 화장품에 천연 또는 유기농으로 표시 · 광고하려는 경우에는 원료의 함량
6. 수입화장품인 경우에는 제조국의 명칭(「대외무역법」에 따른 원산지를 표시한 경우에는 제조국의 명칭을 생략할 수 있다), 제조회사명 및 그 소재지
7. 제2조제8호부터 제11호까지에 해당하는 기능성화장품의 경우에는 "질병의 예방 및 치료를 위한 의약품이 아님"이라는 문구
8. 다음 각 목의 어느 하나에 해당하는 경우 법 제8조제2항에 따라 사용기준이 지정 · 고시된 원료 중 보존제의 함량
   가. 만 3세 이하의 영유아용 제품류인 경우
   나. 만 4세 이상부터 만 13세 이하까지의 어린이가 사용할 수 있는 제품임을 특정하여 표시 · 광고하려는 경우

⑤ 제1항 및 제2항제3호에 따라 해당 화장품의 제조에 사용된 성분의 기재 · 표시를 생략하려는 경우에는 다음 각 호의 어느 하나에 해당하는 방법으로 생략된 성분을 확인할 수 있도록 하여야 한다.

9. **"광고"**란 라디오 · 텔레비전 · 신문 · 잡지 · 음성 · 음향 · 영상 · 인터넷 · 인쇄물 · 간판, 그 밖의 방법에 의하여 화장품에 대한 정보를 나타내거나 알리는 행위를 말한다.
10. **"화장품제조업"**이란 화장품의 전부 또는 일부를 제조(2차 포장 또는 표시만의 공정은 제외한다)하는 영업을 말한다.
11. **"화장품책임판매업"**이란 취급하는 화장품의 품질 및 안전 등을 관리하면서 이를 유통 · 판매하거나 수입대행형 거래를 목적으로 알선 · 수여(授與)하는 영업을 말한다.
12. **"맞춤형화장품판매업"**이란 맞춤형화장품을 판매하는 영업을 말한다.

법 제4조의2 영유아 또는 어린이 사용 화장품의 관리

① 화장품책임판매업자는 영유아 또는 어린이가 사용할 수 있는 화장품임을 표시 · 광고하려는 경우에는 제품별로 안전과 품질을 입증할 수 있는 다음 각 호의 자료(이하 "제품별 안전성 자료"라 한다)를 작성 및 보관하여야 한다.

1. 제품 및 제조방법에 대한 설명 자료
2. 화장품의 안전성 평가 자료
3. 제품의 효능 · 효과에 대한 증명 자료

② 식품의약품안전처장은 제1항에 따른 화장품에 대하여 제품별 안전성 자료, 소비자 사용실태, 사용 후 이상사례 등에 대하여 주기적으로 실태조사를 실시하고, 위해요소의 저감화를 위한 계획을 수립하여야 한다.

③ 식품의약품안전처장은 소비자가 제1항에 따른 화장품을 안전하게 사용할 수 있도록 교육 및 홍보를 할 수 있다.

④ 제1항에 따른 영유아 또는 어린이의 연령 및 표시 · 광고의 범위, 제품별 안전성 자료의 작성 범위 및 보관기간 등과 제2항에 따른 실태조사 및 계획 수립의 범위, 시기, 절차 등에 필요한 사항은 총리령으로 정한다.

[시행규칙 제10조의2 영유아 또는 어린이 사용 화장품의 표시 · 광고]

① 법 제4조의2제1항에 따른 영유아 또는 어린이의 연령 기준은 다음 각 호의 구분에 따른다.

1. 영유아: 만 3세 이하　　2. 어린이: 만 4세 이상부터 만 13세 이하까지

② 화장품책임판매업자가 법 제4조의2제1항 각 호에 따른 자료(이하 "제품별 안전성 자료"라 한다)를 작성 · 보관해야 하는 표시 · 광고의 범위는 다음 각 호의 구분에 따른다.

1. 표시의 경우: 화장품의 1차 포장 또는 2차 포장에 영유아 또는 어린이가 사용할 수 있는 화장품임을 특정하여 표시하는 경우(화장품의 명칭에 영유아 또는 어린이에 관한 표현이 표시되는 경우를 포함한다)
2. 광고의 경우: 별표 5 제1호가목부터 바목까지(어린이 사용 화장품의 경우에는 바목을 제외)의 규정에 따른 매체 · 수단 또는 해당 매체 · 수단과 유사하다고 식품의약품안전처장이 정하여 고시하는 매체 · 수단에 영유아 또는 어린이가 사용할 수 있는 화장품임을 특정하여 광고하는 경우

(2) 관련 법규에 따른 화장품 유형

가. 영 · 유아용(만 3 세 이하의 어린이용) 제품류	① 영 · 유아용 샴푸, 린스 ② 영 · 유아용 로션, 크림 ③ 영 · 유아용 오일 ④ 영 · 유아 인체 세정용 제품 ⑤ 영 · 유아 목욕용 제품	
나. 목욕용 제품류	① 목욕용 오일 · 정제 · 캡슐 ② 목욕용 소금류 ③ 버블 배스(bubble bath) ④ 그 밖의 목욕용 제품류	
다. 인체 세정용 제품류. 다만, 「품질경영 및 공산품안전관리법」 제2조 제10호에 따른 안전 · 품질표시대상 공산품 중 화장비누는 제외	① 폼 클렌저(foam cleanser) ② 바디 클렌저(body cleanser) ③ 액체 비누(liquid soap) ④ 외음부 세정제 ⑤ 물휴지 ⑥ 그 밖의 인체 세정용 제품류	
라. 눈 화장용 제품류	① 아이브로 펜슬(eyebrow pencil) ② 아이 라이너(eye liner) ③ 아이 섀도(eye shadow) ④ 마스카라(mascara) ⑤ 아이 메이크업 리무버 (eye make-up remover) ⑥ 그 밖의 눈 화장용 제품류	
마. 방향용 제품류	① 향수 ② 분말향 ③ 향낭(香囊) ④ 콜롱(cologne) ⑤ 그 밖의 방향용 제품류	
바. 두발 염색용 제품류	① 헤어 틴트(hair tints) ② 헤어 컬러스프레이(hair color spray) ③ 염모제 ④ 탈염 · 탈색용 제품 ⑤ 그 밖의 두발 염색용 제품류	

사. 색조 화장용 제품류	① 볼연지 ② 페이스 파우더(face powder), 페이스 케이크(face cake) ③ 리퀴드(liquid) · 크림 · 케이크 파운데이션(foundation) ④ 메이크업 베이스(make-up base) ⑤ 메이크업 픽서티브(make-up fixative) ⑥ 립스틱, 립라이너(lip liner) ⑦ 립글로스(lip gloss), 립밤(lip balm) ⑧ 바디페인팅(body painting), 페이스페인팅(face painting), 분장용 제품 ⑨ 그 밖의 색조 화장용 제품류	
아. 두발용 제품류	① 헤어 컨디셔너(hair conditioner) ② 헤어 토닉(hair tonic) ③ 헤어 그루밍 에이드(hair grooming aid) ④ 헤어 크림 · 로션 ⑤ 헤어 오일 ⑥ 포마드(pomade) ⑦ 헤어 스프레이 · 무스 · 왁스 · 젤 ⑧ 샴푸, 린스 ⑨ 퍼머넌트 웨이브(permanent wave) ⑩ 헤어 스트레이트너(hair straightner) ⑪ 그 밖의 두발용 제품류	
자. 손발톱용 제품류	① 베이스코트(basecoat), 언더코트(undercoat) ② 네일폴리시(nail polish), 네일에나멜(nail enamel) ③ 탑코트(topcoat) ④ 네일 크림 · 로션 · 에센스 ⑤ 네일폴리시 · 네일에나멜 리무버 ⑥ 그 밖의 손발톱용 제품류	

차. 면도용 제품류	① 애프터셰이브 로션(aftershave lotion) ② 남성용 탤컴(talcum) ③ 프리셰이브 로션(preshave lotion) ④ 셰이빙 크림(shaving cream) ⑤ 셰이빙 폼(shaving foam) ⑥ 그 밖의 면도용 제품류	
카. 기초화장용 제품류	① 수렴 · 유연 · 영양 화장수(face lotion) ② 마사지 크림 ③ 에센스, 오일 ④ 파우더 ⑤ 바디 제품 ⑥ 팩, 마스크 ⑦ 눈 주위 제품 ⑧ 로션, 크림 ⑨ 손 · 발의 피부연화 제품 ⑩ 클렌징 워터, 클렌징 오일, 클렌징 로션, 클렌징 크림 등 메이크업 리무버 ⑪ 그 밖의 기초화장용 제품류	
타. 체취 방지용 제품류	① 데오드란트 ② 그 밖의 체취 방지용 제품류	
파. 체모 제거용 제품류	① 제모제 ② 그 밖의 체모 제거용 제품류	

2. 유형에 따른 화장품의 효능·효과

1. 화장품과 의약품

(1) 화장품

① 사용 대상 : 정상인
② 사용 목적 : 청결, 미화
③ 사용 기간 : 장기간, 지속적
④ 사용 범위 : 전신
⑤ 부작용 : 없어야 함

(2) 의약품 (약사법 제2조 정의)

① 사용 대상 : 환자
② 사용 목적 : 질병 진단 및 치료
③ 사용 기간 : 일정 기간
④ 사용 범위 : 특정 부위
⑤ 부작용 : 어느 정도는 무방함

2. 화장품-의약외품-의약품의 차이점

화장품	의약외품	의약품
	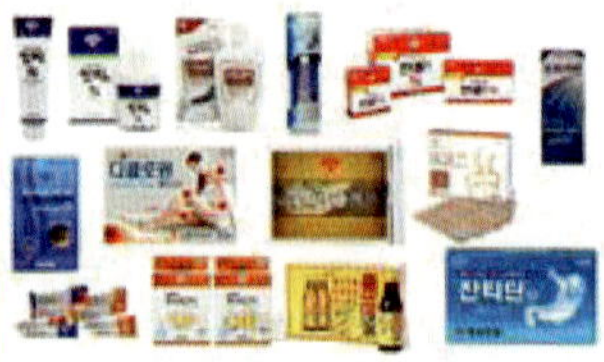	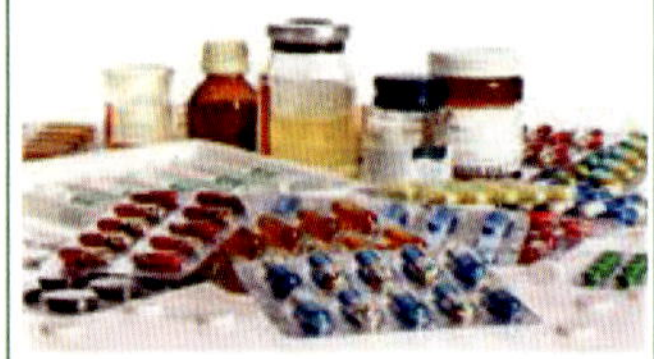
정상인을 대상으로 인체에 대한 작용이 경미한 것	정상인을 대상으로 약리학적 효과를 나타내는 작용이 있더라도 부작용이 허용되지 않음.	환자를 대상으로 질병의 치료를 목적으로 하므로 부작용을 허용함.

3. 화장품의 4대 요건

(1) 안전성

피부에 어떠한 자극이나 감작성, 경구독성, 알레르기, 파손 등이 없어야 한다.

[시행 2022. 2. 18.] [식품의약품안전처고시 제2022-12호, 2022. 2. 18., 일부개정]

제1조(목적) 이 고시는 「화장품법」 제5조 및 같은 법 시행규칙 제12조제10호, 제12조의2제5호에 따라 화장품의 취급 · 사용 시 인지되는 안전성 관련 정보를 체계적이고 효율적으로 수집 · 검토 · 평가하여 적절한 안전대책을 강구함으로써 국민 보건상의 위해를 방지함을 목적으로 한다.

제2조(정의) 이 고시에서 사용하는 용어의 정의는 다음과 같다.

1. "유해사례(Adverse Event/Adverse Experience, AE)"란 화장품의 사용 중 발생한 바람직하지 않고 의도되지 아니한 징후, 증상 또는 질병을 말하며, 당해 화장품과 반드시 인과관계를 가져야 하는 것은 아니다.
2. "중대한 유해사례(Serious AE)"는 유해사례 중 다음 각목의 어느 하나에 해당하는 경우를 말한다.

가. 사망을 초래하거나 생명을 위협하는 경우
나. 입원 또는 입원기간의 연장이 필요한 경우
다. 지속적 또는 중대한 불구나 기능저하를 초래하는 경우
라. 선천적 기형 또는 이상을 초래하는 경우
마. 기타 의학적으로 중요한 상황

3. "실마리 정보(Signal)"란 유해사례와 화장품 간의 인과관계 가능성이 있다고 보고된 정보로서 그 인과관계가 알려지지 아니하거나 입증자료가 불충분한 것을 말한다.
4. "안전성 정보"란 화장품과 관련하여 국민보건에 직접 영향을 미칠 수 있는 안전성 · 유효성에 관한 새로운 자료, 유해사례 정보 등을 말한다.

제3조(안전성 정보의 관리체계) 화장품 안전성 정보의 보고 · 수집 · 평가 · 전파 등 관리체계는 별표와 같다.

제4조(안전성 정보의 보고) ① 의사 · 약사 · 간호사 · 판매자 · 소비자 또는 관련 단체 등의 장은 화장품의 사용 중 발생하였거나 알게 된 유해사례 등 안전성 정보에 대하여 별지 제1호 서식 또는 별지 제2호 서식을 참조하여 식품의약품안전처장, 화장품책임판매업자 또는 맞춤형화장품판매업자에게 보고할 수 있다.
② 제1항에 따른 보고는 식품의약품안전처 홈페이지를 통해 보고하거나 전화 · 우편 · 팩스 · 정보통신망 등의 방법으로 할 수 있다.

제5조(안전성 정보의 신속보고) ① 화장품책임판매업자 및 맞춤형화장품판매업자는 다음 각 호의 화장품 안전성 정보를 알게 된 때에는 제1호의 정보는 별지 제1호 서식에 따른 보고서를, 제2호의 정보는 별지 제2호 서식에 따른 보고서를 그 정보를 알게 된 날로부터 15일 이내에 식품의약품안전처장에게 신속히 보고하여야 한다.

1. 중대한 유해사례 또는 이와 관련하여 식품의약품안전처장이 보고를 지시한 경우
2. 판매중지나 회수에 준하는 외국정부의 조치 또는 이와 관련하여 식품의약품안전처장이 보고를 지시한 경우

② 제1항에 따른 안전성 정보의 신속보고는 식품의약품안전처 홈페이지를 통해 보고하거나 우편 · 팩스 · 정보통신망 등의 방법으로 할 수 있다.

제6조(안전성 정보의 정기보고) ① 화장품책임판매업자 및 맞춤형화장품판매업자는 제5조에 따라 신속보고 되지 아니한 화장품의 안전성 정보를 별지 제3호 서식에 따라 작성한 후 매 반기 종료 후 1월 이내에 식품의약품안전처장에게 보고하여야 한다. 다만, 상시근로자수가 2인 이하로서 직접 제조한 화장비누만을 판매하는 화장품책임판매업자는 해당 안전성 정보를 보고하지 아니할 수 있다.

② 제1항에 따른 안전성 정보의 정기보고는 식품의약품안전처 홈페이지를 통해 보고하거나 전자파일과 함께 우편 · 팩스 · 정보통신망 등의 방법으로 할 수 있다.

(2) 안정성

보관에 따른 변질, 변색, 변취, 미생물의 오염 등이 없어야 한다.

식품의약품안전처 화장품 안정성시험 가이드라인 (미원인 안내서)

안정성시험의 종류

1. 장기보존시험

화장품의 저장조건에서 사용기한을 설정하기 위하여 장기간에 걸쳐 물리 · 화학적, 미생물학적 안정성 및 용기 적합성을 확인하는 시험을 말한다.

2, 가속시험

장기보존시험의 저장조건을 벗어난 단기간의 가속조건이 물리 · 화학적, 미생물학적 안정성 및 용기 적합성에 미치는 영향을 평가하기 위한 시험을 말한다.

3, 가혹시험

가혹조건에서 화장품의 분해과정 및 분해산물 등을 확인하기 위한 시험을 말한다.

일반적으로 개별 화장품의 취약성, 예상되는 운반, 진열 및 사용 과정에서 뜻하지 않게 일어나는 가능성 있는 가혹한 조건에서 품질변화를 검토하기 위해 시험을 말한다.

온도 편차 및 극한 조건, 기계 · 물리적 시험, 광안정성의 조건에서 현탁 발생 여부, 안정성 결여, 화장품 또는 포장 손상 등을 조사하는데 확인한다.

4. 개봉 후 안정성시험

화장품 사용 시에 일어날 수 있는 오염 등을 고려한 사용기한을 설정하기 위하여 장기간에 걸쳐 물리 · 화학적, 미생물학적 안정성 및 용기 적합성을 확인하는 시험을 말한다.

안정성시험의 시험조건

시험종류	시험조건	시험측정주기	시험기간
장기 보존시험	실온보관 경우 : 온도 25±2℃ /상대습도 60±5℃ 또는 30±2℃/ 상대습도 66±5℃ 냉장보관 경우 : 5±3℃	시험개시 때, 첫 1년은 3개월 마다 2년까지 6개월 마다 2년 이후 1년에 1회시험	3로트 이상 시험 6개월 이상 원칙
가속시험	실온보관 경우 : 온도 40±2℃ /상대습도 75±5℃ 냉장보관 경우 : 25±2℃/상대습도 60±5℃	6개월 이상 시험 최소 3회 시험	3로트 이상 시험 6개월 이상 원칙
가혹시험	온도순환(−15～45℃) 냉동−해동 또는 저온−고온		검체의 특성 및 시험조건에 따라 정함
개봉 후 안정성시험	계절별 연평균 온도, 습도 등의 조건 설정	시험개시 때, 첫 1년은 3개월 마다 2년까지 6개월 마다 2년이후 1년에 1회시험	3로트 이상 시험 6개월 이상 원칙

안정성시험 항목

1. 장기보존시험 및 가속시험

① **일반시험** : 균등성, 향취 및 색상, 사용감, 액상, 유화형, 내온성 시험을 수행한다.

② **물리 · 화학적 시험** : 성상, 향, 사용감, 점도, 질량변화, 분리도, 유화상태, 경도 및 pH 등 제제의 물리 · 화학적 성질을 평가한다.

- 물리적 시험 : 비중, 융점, 경도, pH, 유화상태, 점도 등
- 화학적 시험 : 시험물가용성성분, 에테르불용 및 에탄올가용성성분, 에테르 및 에탄올 가용성 부검화물 등

③ **미생물학적 시험** : 정상적으로 제품 사용 시 미생물 증식을 억제하는 능력이 있음을 증명하는 미생물학적 시험 및 필요 시 기타 특이적 시험을 통해 미생물에 대한 안정성을 평가한다.

④ **용기적합성 시험** : 제품과 용기 사이의 상호작용 (용기의 제품 흡수, 부식, 화학적 반응 등)에 대한 적합성을 평가한다.

2. 가혹시험

보존 기간 중 제품의 안전성이나 기능성에 영향을 확인할 수 있는 품질관리상 중요한 항목 및 분해산물의 생성유무를 확인한다.

3. 개봉 후 안정성시험

개봉 전 시험항목과 미생물한도시험, 살균보존제, 유효성분시험을 수행한다. 다만, 개봉할 수 없는 용기로 되어 있는 제품 (스프레이 등), 일회용제품 등은 개봉 후 안정성 시험을 수행할 필요가 없다.

(3) 사용성

피부친화성, 촉촉함, 부드러움 등 사용감이 좋아야 한다.

(4) 유효성

보습효과, 자외선 차단효과, 세정효과, 색채효과 등이 있어야 한다.

법제처 국가법령정보센터

유효성 또는 기능에 관한 자료

(1) 효력시험자료

(2) 인체적용시험자료

(3) 염모효력시험자료(화장품법 시행규칙 제2조제6호의 화장품에 한함)

4. 화장품 유형 분류에 따른 효능·효과

화장품 유형	효능 · 효과	화장품 분류
가. 영 · 유아용 (만 3세 이하의 어린이용) 제품류	세정, 피부보호	① 영 · 유아용 샴푸, 린스 ② 영 · 유아용 로션, 크림 ③ 영 · 유아용 오일 ④ 영 · 유아 인체 세정용 제품 ⑤ 영 · 유아 목욕용 제품
나. 목욕용 제품류	세정, 피부보호	① 목욕용 오일 · 정제 · 캡슐 ② 목욕용 소금류 ③ 버블 배스(bubble baths) ④ 그 밖의 목욕용 제품류
다. 인체 세정용 제품류	세정, 피부보호	① 폼 클렌저(foam cleanser) ② 바디 클렌저(body cleanser) ③ 액체 비누(liquid soaps) ④ 외음부 세정제 ⑤ 물휴지 ⑥ 그 밖의 인체 세정용 제품류
라. 눈 화장용 제품류	색채효과, 눈썹 · 속눈썹 보호	① 아이브로 펜슬(eyebrow pencil) ② 아이 라이너(eye liner) ③ 아이 섀도(eye shadow) ④ 마스카라(mascara) ⑤ 아이 메이크업 리무버(eye make-up remover) ⑥ 그 밖의 눈 화장용 제품류
마. 방향용 제품류	향취부여	① 향수 ② 분말향 ③ 향낭(香囊) ④ 콜롱(cologne) ⑤ 그 밖의 방향용 제품류
바. 두발 염색용 제품류	염색	① 헤어 틴트(hair tints) ② 헤어 컬러스프레이(hair color sprays) ③ 염모제 ④ 탈염 · 탈색용 제품 ⑤ 그 밖의 두발 염색용 제품류

화장품 유형	효능 · 효과	화장품 분류
사. 색조 화장용 제품류	피부색 표현 및 피부 결점 보완	① 볼연지 ② 페이스 파우더(face powder), 페이스 케이크(face cakes) ③ 리퀴드(liquid) · 크림 · 케이크 파운데이션(foundation) ④ 메이크업 베이스(make-up bases) ⑤ 메이크업 픽서티브(make-up fixatives) ⑥ 립스틱, 립라이너(lip liner) ⑦ 립글로스(lip gloss), 립밤(lip balm) ⑧ 바디페인팅(body painting), 페이스페인팅(face painting), 분장용 제품 ⑨ 그 밖의 색조 화장용 제품류
아. 두발용 제품류	세정, 두발보호, 웨이브 형성	① 헤어 컨디셔너(hair conditioners) ② 헤어 토닉(hair tonics) ③ 헤어 그루밍 에이드(hair grooming aids) ④ 헤어 크림 · 로션 ⑤ 헤어 오일 ⑥ 포마드(pomade) ⑦ 헤어 스프레이 · 무스 · 왁스 · 젤 ⑧ 샴푸, 린스 ⑨ 퍼머넌트 웨이브(permanent wave) ⑩ 헤어 스트레이트너(hair straightner) ⑪ 그 밖의 두발용 제품류
자. 손발톱용 제품류	손발톱 정돈, 손발톱 보호	① 베이스코트(basecoats), 언더코트(under coats) ② 네일폴리시(nail polish), 네일에나멜(nail enamel) ③ 탑코트(topcoats) ④ 네일 크림 · 로션 · 에센스 ⑤ 네일폴리시 · 네일에나멜 리무버 ⑥ 그 밖의 손발톱용 제품류
차. 면도용 제품류	면도용이, 피부보호	① 애프터셰이브 로션(aftershave lotions) ② 남성용 탤컴(talcum) ③ 프리셰이브 로션(preshave lotions) ④ 셰이빙 크림(shaving cream) ⑤ 셰이빙 폼(shaving foam) ⑥ 그 밖의 면도용 제품류

화장품 유형	효능 · 효과	화장품 분류
카. 기초화장용 제품류	세안, 피부정돈, 피부보호	① 수렴 · 유연 · 영양 화장수(face lotions) ② 마사지 크림 ③ 에센스, 오일 ④ 파우더 ⑤ 바디 제품 ⑥ 팩, 마스크 ⑦ 눈 주위 제품 ⑧ 로션, 크림 ⑨ 손 · 발의 피부연화 제품 ⑩ 클렌징 워터, 클렌징 오일, 클렌징 로션, 클렌징 크림 등 메이크업 리무버 ⑪ 그 밖의 기초화장용 제품류
타. 체취 방지용 제품류	체취 방지	① 데오도런트 ② 그 밖의 체취 방지용 제품류
파. 체모 제거용 제품류	제모	① 제모제 ② 그 밖의 체모 제거용 제품류

화장품의 사후관리

화장품법 시행규칙

품질관리기준 – 시행규칙 제7조(별표1)

1. 용어의 정의

이 표에서 사용하는 용어의 뜻은 다음과 같다.

가. "품질관리"란 화장품의 책임판매 시 필요한 제품의 품질을 확보하기 위해서 실시하는 것으로서, 화장품제조업자 및 제조에 관계된 업무(시험 · 검사 등의 업무를 포함한다)에 대한 관리 · 감독 및 화장품의 시장 출하에 관한 관리, 그 밖에 제품의 품질의 관리에 필요한 업무를 말한다.

나. "시장출하"란 화장품책임판매업자가 그 제조 등(타인에게 위탁 제조 또는 검사하는 경우를 포함하고 타인으로부터 수탁 제조 또는 검사하는 경우는 포함하지 않는다. 이하 같다)을 하거나 수입한 화장품의 판매를 위해 출하하는 것을 말한다.

2. 품질관리 업무에 관련된 조직 및 인원

화장품책임판매업자는 책임판매관리자를 두어야 하며, 품질관리 업무를 적정하고 원활하게 수행할 능력이 있는 인력을 충분히 갖추어야 한다.

3. 품질관리업무의 절차에 관한 문서 및 기록 등

가. 화장품책임판매업자는 품질관리 업무를 적정하고 원활하게 수행하기 위하여 다음의 사항이 포함된 품질관리 업무 절차서를 작성 · 보관해야 한다.

1) 적정한 제조관리 및 품질관리 확보에 관한 절차

2) 품질 등에 관한 정보 및 품질 불량 등의 처리 절차

3) 회수처리 절차

4) 교육 · 훈련에 관한 절차

5) 문서 및 기록의 관리 절차

6) 시장출하에 관한 기록 절차

7) 그 밖에 품질관리 업무에 필요한 절차

나. 화장품책임판매업자는 품질관리 업무 절차서에 따라 다음의 업무를 수행해야 한다.

1) 화장품제조업자가 화장품을 적정하고 원활하게 제조한 것임을 확인하고 기록할 것

2) 제품의 품질 등에 관한 정보를 얻었을 때 해당 정보가 인체에 영향을 미치는 경우에는 그 원인을 밝히고, 개선이 필요한 경우에는 적정한 조치를 하고 기록할 것

3) 책임판매한 제품의 품질이 불량하거나 품질이 불량할 우려가 있는 경우 회수 등 신속한 조치를 하고 기록할 것

4) 시장출하에 관하여 기록할 것

5) 제조번호별 품질검사를 철저히 한 후 결과를 기록할 것. 다만, 화장품 제조업자와 화장품책임판매업자가 같은 경우, 화장품제조업자 또는 「식품 · 의약품분야 시험 · 검사 등에 관한 법률」 제6조에 따른 식품의약품안전처장이 지정한 화장품 시험 · 검사기관에 품질검사를 위탁하여 제조번호별 품질검사 결과에 있는 경우에는 품질검사를 하지 않을 수 있다.

6) 그 밖에 품질관리에 관한 업무를 수행할 것

다. 화장품책임판매업자는 책임판매관리자가 업무를 수행하는 상소에 품질관리 업무 절차서 원본을 보관하고, 그 외의 장소에는 원본과 대조를 마친 사본을 보관해야 한다.

4. 책임판매관리자의 업무

화장품책임판매업자는 품질관리 업무 절차서에 따라 다음 각 목의 업무를 책임판매관리자에게 수행하도록 해야 한다.

가. 품질관리 업무를 총괄할 것

나. 품질관리 업무가 적정하고 원활하게 수행되는 것을 확인할 것

다. 품질관리 업무의 수행을 위하여 필요하다고 인정할 때에는 화장품책임판매업자에게 문서로 보고할 것

라. 품질관리 업무 시 필요에 따라 화장품제조업자, 맞춤형화장품판매업자 등 그 밖의 관계자에게 문서로 연락하거나 지시할 것

마. 품질관리에 관한 기록 및 화장품제조업자의 관리에 관한 기록을 작성하고 이를 해당 제품의 제조일(수입의 경우 수입일을 말한다)부터 3년간 보관할 것

5. 회수처리

화장품책임판매업자는 품질관리 업무 절차서에 따라 책임판매관리자에게 다음과 같이 회수 업무를 수행하도록 해야 한다.

가. 회수한 화장품은 구분하여 일정 기간 보관한 후 폐기 등 적정한 방법으로 처리할 것

나. 회수 내용을 적은 기록을 작성하고 화장품책임판매업자에게 문서로 보고할 것

6. 교육 · 훈련

화장품책임판매업자는 책임판매관리자에게 교육 · 훈련계획서를 작성하게 하고, 품질관리 업무 절차서 및 교육 · 훈련계획서에 따라 다음의 업무를 수행하도록 해야 한다.

가. 품질관리 업무에 종사하는 사람들에게 품질관리 업무에 관한 교육 · 훈련을 정기적으로 실시하고 그 기록을 작성, 보관할 것

나. 책임판매관리자 외의 사람이 교육 · 훈련 업무를 실시하는 경우에는 교육 · 훈련 실시 상황을 화장품책임판매업자에게 문서로 보고할 것

7. 문서 및 기록의 정리

화장품책임판매업자는 문서 · 기록에 관하여 다음과 같이 관리해야 한다.

가. 문서를 작성하거나 개정했을 때에는 품질관리 업무 절차서에 따라 해당 문서의 승인, 배포, 보관 등을 할 것

나. 품질관리 업무 절차서를 작성하거나 개정했을 때에는 해당 품질관리 업무 절차서에 그 날짜를 적고 개정 내용을 보관할 것

8. 영 제2조제2호라목(수입대행형 거래(「전자상거래 등에서의 소비자보호에 관한 법률」를 목적으로 화장품을 알선 · 수여하는 영업)의 화장품책임판매업을 등록한 자에 대해서는 제1호부터 제7호까지의 규정 중 제3호가목1) · 4) · 6), 나목1) · 4) · 5), 제4호마목 및 제6호를 적용하지 않는다.

책임판매 후 안전관리기준 – 시행규칙 제7조(별표2)

1. 용어의 정리

이 표에서 사용하는 용어의 뜻은 다음과 같다.

가. "안전관리 정보"란 화장품의 품질, 안정성 · 유효성, 그 밖에 적정 사용을 위한 정보를 말한다.

나. "안전확보 업무"란 화장품책임판매 후 안전관리 업무 중 정보 수집, 검토 및 그 결과에 따른 필요한 조치(이하 "안전확보 조치"라 한다)에 관한 업무를 말한다.

2. 안전확보 업무에 관련된 조직 및 인원

화장품책임판매업자는 책임판매관리자를 두어야 하며, 안전확보 업무를 적정하고 원활하게 수행할 능력을 갖는 인원을 충분히 갖추어야 한다.

3. 안전관리 정보 수집

화장품책임판매업자는 책임판매관리자에게 학회, 문헌, 그 밖의 연구보고 등에서 안전관리 정보를 수집 · 기록하도록 해야 한다.

4. 안전관리 정보의 검토 및 그 결과에 따른 안전확보 조치

화장품책임판매업자는 다음의 업무를 책임판매관리자에게 수행하도록 해야 한다.

가. 제3호에 따라 수집한 안전관리 정보를 신속히 검토 · 기록할 것

나. 제3호에 따라 수집한 안전관리 정보의 검토 결과 조치가 필요하다고 판단될

경우 회수, 폐기, 판매정지 또는 첨부문서의 개정, 식품의약품안전처장에게 보고 등 안전확보 조치를 할 것

다. 안전확보 조치계획을 화장품책임판매업자에게 문서로 보고한 후 그 사본을 보관할 것

5. 안전확보 조치의 실시

화장품책임판매업자는 다음의 업무를 책임판매관리자에게 수행하도록 해야 한다.

가. 안전확보 조치계획을 적정하게 평가하여 안전확보 조치를 결정하고 이를 기록 · 보관할 것

나. 안정확보 조치를 수행할 경우 문서로 지시하고 이를 보관할 것

다. 안전확보 조치를 실시하고 그 결과를 화장품책임판매업자에게 문서로 보고한 후 보관할 것

6. 책임판매관리자의 업무

화장품책임판매업자는 다음의 업무를 책임판매관리자에게 수행하도록 해야 한다.

가. 안전확보 업무를 총괄할 것

나. 안전확보 업무가 적정하고 원활하게 수행되는 것을 확인하여 기록 · 보관할 것

다. 안전확보 업무의 수행을 위하여 필요하다고 인정할 때에는 화장품책임판매업자에게 문서로 보고한 후 보관할 것

제11조(화장품제조업자의 준수사항 등)

① 법 제5조제1항에 따라 화장품 제조업자가 준수하여야 할 사항은 다음 각 호와 같다.〈개정 2019. 3. 14.〉

1. 별표 1의 품질관리기준에 따른 화장품책임판매업자의 지도 · 감독 및 요청에 따를 것
2. 제조관리기준서 · 제품표준서 · 제조관리기록서 및 품질관리기록서(전자문서 형식을 포함한다)를 작성 · 보관할 것
3. 보건위생상 위해(危害)가 없도록 제조소, 시설 및 기구를 위생적으로 관리하고 오염되지 아니하도록 할 것

4. 화장품의 제조에 필요한 시설 및 기구에 대하여 정기적으로 점검하여 작업에 지장이 없도록 관리 · 유지할 것
5. 작업소에는 위해가 발생할 염려가 있는 물건을 두어서는 아니 되며, 작업소에서 국민보건 및 환경에 유해한 물질이 유출되거나 방출되지 아니하도록 할 것
6. 제2호의 사항 중 품질관리를 위하여 필요한 사항을 화장품책임판매업자에게 제출할 것. 다만, 다음 각 목의 어느 하나에 해당하는 경우 제출하지 아니할 수 있다.
   가. 화장품제조업자와 화장품책임판매업자가 동일한 경우
   나. 화장품제조업자가 제품을 설계 · 개발 · 생산하는 방식으로 제조하는 경우로서 품질 · 안전관리에 영향이 없는 범위에서 화장품제조업자와 화장품책임판매업자 상호 계약에 따라 영업비밀에 해당하는 경우
7. 원료 및 자재의 입고부터 완제품의 출고에 이르기까지 필요한 시험 · 검사 또는 검정을 할 것
8. 제조 또는 품질검사를 위탁하는 경우 제조 또는 품질검사가 적절하게 이루어지고 있는지 수탁자에 대한 관리 · 감독을 철저히 하고, 제조 및 품질관리에 관한 기록을 받아 유지 · 관리할 것

② 식품의약품안전처장은 제1항에 따른 준수사항 외에 식품의약품안전처장이 정하여 고시하는 우수화장품 제조관리기준을 준수하도록 제조업자에게 권장할 수 있다.〈개정 2013. 3. 23.〉

③ 식품의약품안전처장은 제2항에 따라 우수화장품 제조관리기준을 준수하는 제조업자에게 다음 각 호의 사항을 지원할 수 있다.〈신설 2014. 9. 24.〉

제12조(화장품책임판매업자의 준수사항 등)

1. 별표 1의 품질관리기준을 준수할 것
2. 별표 2의 책임판매 후 안전관리기준을 준수할 것
3. 제조업자로부터 받은 제품표준서 및 품질관리기록서(전자문서 형식을 포함한다)를 보관할 것
4. 수입한 화장품에 대하여 다음 각 목의 사항을 적거나 또는 첨부한 수입관리기록서를 작성 · 보관할 것

가. 제품명 또는 국내에서 판매하려는 명칭

나. 원료성분의 규격 및 함량

다. 제조국, 제조회사명 및 제조회사의 소재지

라. 기능성화장품심사결과통지서 사본

마. 제조 및 판매증명서. 다만, 「대외무역법」 제12조제2항에 따른 통합 공고상의 수출입 요건 확인기관에서 제조 및 판매증명서를 갖춘 화장품책임판매업자가 수입한 화장품과 같다는 것을 확인받고, 제6조제2항제2호가목, 다목 또는 라목의 기관으로부터 화장품책임판매업자가 정한 품질관리기준에 따른 검사를 받아 그 시험성적서를 갖추어 둔 경우에는 이를 생략할 수 있다.

바. 한글로 작성된 제품설명서 견본

사. 최초 수입연월일(통관연월일을 말한다. 이하 이 호에서 같다)

아. 제조번호별 수입연월일 및 수입량

자. 제조번호별 품질검사 연월일 및 결과

차. 판매처, 판매연월일 및 판매량

5. 제조번호별로 품질검사를 철저히 한 후 유통시킬 것. 다만, 화장품제조업자와 화장품책임판매업자가 같은 경우 또는 제6조제2항제2호 각 목의 어느 하나에 해당하는 기관 등에 품질검사를 위탁하여 제조번호별 품질검사결과가 있는 경우에는 품질검사를 하지 아니할 수 있다.

6. 화장품의 제조를 위탁하거나 제6조제2항제2호나목에 따른 제조업자에게 품질검사를 위탁하는 경우 제조 또는 품질검사가 적절하게 이루어지고 있는지 수탁자에 대한 관리 · 감독을 철저히 하여야 하며, 제조 및 품질관리에 관한 기록을 받아 유지 · 관리하고, 그 최종 제품의 품질관리를 철저히 할 것

7. 제5호에도 불구하고 영 제2조제2호다목의 화장품책임판매업을 등록한 자는 제조국 제조회사의 품질관리기준이 국가 간 상호 인증되었거나, 제11조제2항에 따라 식품의약품안전처장이 고시하는 우수화장품 제조관리기준과 같은 수준 이상이라고 인정되는 경우에는 국내에서의 품질검사를 하지 아니할 수 있다. 이 경우 제조국 제조회사의 품질검사 시험성적서는 품질관리기록서를 갈음한다.

8. 제7호에 따라 영 제2조제2호다목의 화장품책임판매업을 등록한 자가 수입화장품에 대한 품질검사를 하지 아니하려는 경우에는 식품의약품안전처장이 정하는 바에 따라 식품의약품안전처장에게 수입화장품의 제조업자에 대한 현지실사를 신청하여야 한다. 현지실사에 필요한 신청절차, 제출서류 및 평가방법 등에 대하여는 식품의약품안전처장이 정하여 고시한다.

8의2. 제7호에 따른 인정을 받은 수입 화장품 제조회사의 품질관리기준이 제11조제2항에 따른 우수화장품 제조관리기준과 같은 수준 이상이라고 인정되지 아니하여 제7호에 따른 인정이 취소된 경우에는 제5호 본문에 따른 품질검사를 하여야 한다. 이 경우 인정 취소와 관련하여 필요한 세부적인 사항은 식품의약품안전처장이 정하여 고시한다.

9. 영 제2조제2호다목의 화장품책임판매업을 등록한 자의 경우 「대외무역법」에 따른 수출 · 수입요령을 준수하여야 하며, 「전자무역 촉진에 관한 법률」에 따른 전자무역문서로 표준통관예정보고를 할 것

10. 제품과 관련하여 국민보건에 직접 영향을 미칠 수 있는 안전성 · 유효성에 관한 새로운 자료, 정보사항(화장품 사용에 의한 부작용 발생사례를 포함한다) 등을 알게 되었을 때에는 식품의약품안전처장이 정하여 고시하는 바에 따라 보고하고, 필요한 안전대책을 마련할 것

11. 다음 각 목의 어느 하나에 해당하는 성분을 0.5퍼센트 이상 함유하는 제품의 경우에는 해당 품목의 안정성시험 자료를 최종 제조된 제품의 사용기한이 만료되는 날부터 1년간 보존할 것

가. 레티놀(비타민A) 및 그 유도체

나. 아스코빅애시드(비타민C) 및 그 유도체

다. 토코페롤(비타민E)

라. 과산화화합물

마. 효소

제12조의(맞춤형화장품판매업자의 준수사항 등)

1. 맞춤형화장품 판매장 시설 · 기구를 정기적으로 점검하여 보건위생상 위해가 없도록 관리할 것

2. 다음 각 목의 혼합 · 소분 안전관리기준을 준수할 것

가. 혼합 · 소분 전에 혼합 · 소분에 사용되는 내용물 또는 원료에 대한 품질성적서를 확인할 것

나. 혼합 · 소분 전에 손을 소독하거나 세정할 것. 다만, 혼합 · 소분 시 일회용 장갑을 착용하는 경우에는 그렇지 않다.

다. 혼합 · 소분 전에 혼합 · 소분된 제품을 담을 포장용기의 오염 여부를 확인할 것

라. 혼합 · 소분에 사용되는 장비 또는 기구 등은 사용 전에 그 위생 상태를 점검하고, 사용 후에는 오염이 없도록 세척할 것

마. 그 밖에 가목부터 라목까지의 사항과 유사한 것으로서 혼합 · 소분의 안전을 위해 식품의약품안전처장이 정하여 고시하는 사항을 준수할 것

3. 다음 각 목의 사항이 포함된 맞춤형화장품 판매내역서(전자문서로 된 판매내역서를 포함한다)를 작성 · 보관할 것

가. 제조번호

나. 사용기한 또는 개봉 후 사용기간

다. 판매일자 및 판매량

4. 맞춤형화장품 판매 시 다음 각 목의 사항을 소비자에게 설명할 것

가. 혼합 · 소분에 사용된 내용물 · 원료의 내용 및 특성

나. 맞춤형화장품 사용 시의 주의사항

5. 맞춤형화장품 사용과 관련된 부작용 발생사례에 대해서는 식품의약품안전처장이 정하여 고시하는 바에 따라 식품의약품안전처장에게 보고할 것

제 18조의2(소비자화장품안전관리감시원)

① 식품의약품안전처장 또는 지방식품의약품안전청장은 화장품 안전관리를 위하여 제17조에 따라 설립된 단체 또는 「소비자기본법」 제29조에 따라 등록한 소비자단체의 임직원 중 해당 단체의 장이 추천한 사람이나 화장품 안전관리에 관한 지식이 있는 사람을 소비자화장품안전관리감시원으로 위촉할 수 있다.
② 제1항에 따라 위촉된 소비자화장품안전관리감시원(이하 "소비자화장품감시원"이라 한다)의 직무는 다음 각 호와 같다.

1. 유통 중인 화장품이 제10조제1항 및 제2항에 따른 표시기준에 맞지 아니하거나 제13조제1항 각 호의 어느 하나에 해당하는 표시 또는 광고를 한 화장품인 경우 관할 행정관청에 신고하거나 그에 관한 자료 제공
2. 제18조제1항 · 제2항에 따라 관계 공무원이 하는 출입 · 검사 · 질문 · 수거의 지원
3. 그 밖에 화장품 안전관리에 관한 사항으로서 총리령으로 정하는 사항

③ 식품의약품안전처장 또는 지방식품의약품안전청장은 소비자화장품감시원에게 직무 수행에 필요한 교육을 실시할 수 있다.

④ 식품의약품안전처장 또는 지방식품의약품안전청장은 소비자화장품감시원이 다음 각 호의 어느 하나에 해당하는 경우에는 해당 소비자화장품감시원을 해촉(解囑)하여야 한다.

1. 해당 소비자화장품감시원을 추천한 단체에서 퇴직하거나 해임된 경우
2. 제2항 각 호의 직무와 관련하여 부정한 행위를 하거나 권한을 남용한 경우
3. 질병이나 부상 등의 사유로 직무 수행이 어렵게 된 경우

⑤ 소비자화장품감시원의 자격, 교육, 그 밖에 필요한 사항은 총리령으로 정한다.

제26조의2(소비자화장품안전관리감시원의 자격 등)

① 법 제18조의2 제1항에 따라 소비자화장품안전관리감시원(이하 "소비자화장품감시원"이라 한다)으로 위촉될 수 있는 사람은 다음 각 호의 어느 하나에 해당하는 사람으로 한다.

1. 법 제17조에 따라 설립된 단체의 임직원 중 해당 단체의 장이 추천한 사람
2. 「소비자기본법」 제29조제1항에 따라 등록한 소비자단체의 임직원 중 해당 단체의 장이 추천한 사람
3. 제8조제1항 각 호의 어느 하나에 해당하는 사람
4. 식품의약품안전처장이 정하여 고시하는 교육과정을 마친 사람

② 소비자화장품감시원의 임기는 2년으로 하되, 연임할 수 있다.

③ 법 제18조의2제2항제3호에서 "총리령으로 정하는 사항"이란 다음 각 호의 사항을 말한다.

1. 법 제23조에 따른 관계 공무원의 물품 회수 · 폐기 등의 업무 지원

2. 제29조에 따른 행정처분의 이행 여부 확인 등의 업무 지원

3. 화장품의 안전사용과 관련된 홍보 등의 업무

④ 법 제18조의2제3항에 따라 식품의약품안전처장 또는 지방식품의약품안전청장은 소비자화장품감시원에 대하여 반기(半期)마다 화장품 관계법령 및 위해화장품 식별 등에 관한 교육을 실시하고, 소비자화장품감시원이 직무를 수행하기 전에 그 직무에 관한 교육을 실시하여야 한다.

⑤ 식품의약품안전처장 또는 지방식품의약품안전청장은 소비자화장품감시원의 활동을 지원하기 위하여 예산의 범위에서 수당 등을 지급할 수 있다.

⑥ 제1항부터 제5항까지에서 규정한 사항 외에 소비자화장품감시원의 운영에 필요한 사항은 식품의약품안전처장이 정하여 고시한다.

3. 화장품 사용 시 주의사항

〈화장품법 시행규칙 [별표 3] 참고 개정 2022. 2. 18〉

1. 공통사항

① 화장품 사용 시 또는 사용 후 직사광선에 의하여 사용부위가 붉은 반점, 부어오름 또는 가려움증 등의 이상 증상이나 부작용이 있는 경우 전문의 등과 상담할 것

② 상처가 있는 부위 등에는 사용을 자제할 것

③ 보관 및 취급 시의 주의사항

- 어린이의 손이 닿지 않는 곳에 보관할 것
- 직사광선을 피해서 보관할 것

2. 개별사항

1. 미세한 알갱이가 함유되어 있는 스크럽 세안제	알갱이가 눈에 들어갔을 때에는 물로 씻어내고, 이상이 있는 경우에는 전문의와 상담할 것
2. 팩	눈 주위를 피하여 사용할 것
3. 두발용, 두발염색용 및 눈 화장용 제품류	눈에 들어갔을 때에는 즉시 씻어낼 것
4. 모발용 샴푸	(가) 눈에 들어갔을 때에는 즉시 씻어낼 것 (나) 사용 후 물로 씻어내지 않으면 탈모 또는 탈색의 원인이 될 수 있으므로 주의할 것
5. 퍼머넌트 웨이브 제품 및 헤어스트레이트너 제품	(가) 두피 · 얼굴 · 눈 · 목 · 손 등에 약액이 묻지 않도록 유의하고, 얼굴 등에 약액이 묻었을 때에는 즉시 물로 씻어낼 것 (나) 특이체질, 생리 또는 출산 전후이거나 질환이 있는 사람 등은 사용을 피할 것 (다) 머리카락의 손상 등을 피하기 위하여 용법 · 용량을 지켜야 하며, 가능하면 일부에 시험적으로 사용하여 볼 것 (라) 섭씨 15° 이하의 어두운 장소에 보존하고, 색이 변하거나 침전된 경우에는 사용하지 말 것 (마) 개봉한 제품은 7일 이내에 사용할 것(에어로졸 제품이나 사용 중 공기유입이 차단되는 용기는 표시하지 아니한다) (바) 제2단계 퍼머액 중 그 주성분이 과산화수소인 제품은 검은 머리카락이 갈색으로 변할 수 있으므로 유의하여 사용할 것
6. 외음부 세정제	(가) 정해진 용법과 용량을 잘 지켜 사용할 것 (나) 만 3세 이하 어린이에게는 사용하지 말 것 (다) 임신 중에는 사용하지 않는 것이 바람직하며, 분만 직전의 외음부 주위에는 사용하지 말 것 (라) 프로필렌 글리콜(Propylene glycol)을 함유하고 있으므로 이 성분에 과민하거나 알레르기 병력이 있는 사람은 신중히 사용할 것(프로필렌 글리콜 함유제품만 표시한다)
7. 손 · 발의 피부연화 제품(요소제제의 핸드크림 및 풋크림)	(가) 눈, 코 또는 입 등에 닿지 않도록 주의하여 사용할 것 (나) 프로필렌 글리콜(Propylene glycol)을 함유하고 있으므로 이 성분에 과민하거나 알레르기 병력이 있는 사람은 신중히 사용할 것(프로필렌 글리콜 함유제품만 표시한다)
8. 체취 방지용 제품	털을 제거한 직후에는 사용하지 말 것

9. 고압가스를 사용하는 에어로졸 제품 [무스의 경우 (가)부터 (라)까지의 사항은 제외한다]	(가) 같은 부위에 연속해서 3초 이상 분사하지 말 것 (나) 가능하면 인체에서 20cm 이상 떨어져서 사용할 것 (다) 눈 주위 또는 점막 등에 분사하지 말 것. 다만, 자외선 차단제의 경우 얼굴에 직접 분사하지 말고 손에 덜어 얼굴에 바를 것 (라) 분사가스는 직접 흡입하지 않도록 주의할 것 (마) 보관 및 취급상의 주의사항 ① 불꽃길이시험에 의한 화염이 인지되지 않는 것으로서 가연성 가스를 사용하지 않는 제품 • 섭씨 40° 이상의 장소 또는 밀폐된 장소에 보관하지 말 것 • 사용 후 남은 가스가 없도록 하고 불 속에 버리지 말 것 ② 가연성 가스를 사용하는 제품 • 불꽃을 향하여 사용하지 말 것 • 난로, 풍로 등 화기 부근 또는 화기를 사용하고 있는 실내에서 사용하지 말 것 • 섭씨 40° 이상의 장소 또는 밀폐된 장소에 보관하지 말 것 • 밀폐된 실내에서 사용한 후에는 반드시 환기를 할 것 • 불 속에 버리지 말 것
10. 고압가스를 사용하지 않는 분무형 자외선 차단제	얼굴에 직접 분사하지 말고 손에 덜어 얼굴에 바를 것
11. 알파-하이드록시애시드(α-hydroxyacid, AHA, 이하 AHA"라 한다) 함유제품(0.5퍼센트 이하의 AHA가 함유된 제품은 제외한다)	(가) 햇빛에 대한 피부의 감수성을 증가시킬 수 있으므로 자외선 차단제를 함께 사용할 것(씻어내는 제품 및 두발용 제품은 제외한다) (나) 일부에 시험 사용하여 피부 이상을 확인할 것 (다) 고농도의 AHA 성분이 들어 있어 부작용이 발생할 우려가 있으므로 전문의 등에게 상담할 것(AHA 성분이 10%를 초과하여 함유되어 있거나 산도가 3.5 미만인 제품만 표시한다)
12. 염모제(산화염모제와 비산화염모제)	(가) 다음 분들은 사용하지 마십시오. 사용 후 피부나 신체가 과민상태로 되거나 피부이상반응(부종, 염증 등)이 일어나거나, 현재의 증상이 악화될 가능성이 있습니다. ① 지금까지 이 제품에 배합되어 있는 '과황산염'이 함유된 탈색제로 몸이 부은 경험이 있는 경우, 사용 중 또는 사용 직후에 구역, 구토 등 속이 좋지 않았던 분(이 내용은 '과황산염'이 배합된 염모제에만 표시한다.) ② 지금까지 염모제를 사용할 때 피부이상반응(부종, 염증 등)이 있었거나, 염색 중 또는 염색 직후에 발진, 발적, 가려움 등이 있거나 구역, 구토 등 속이 좋지 않았던 경험이 있었던 분 ③ 피부시험(패치테스트, patch test)의 결과, 이상이 발생한 경험이 있는 분

12. 염모제(산화염모제 와 비산화염모제)	④ 두피, 얼굴, 목덜미에 부스럼, 상처, 피부병이 있는 분 ⑤ 생리 중, 임신 중 또는 임신할 가능성이 있는 분 ⑥ 출산 후, 병중, 병후의 회복 중인 분, 그 밖의 신체에 이상이 있는 분 ⑦ 특이체질, 신장질환, 혈액질환이 있는 분 ⑧ 미열, 권태감, 두근거림, 호흡곤란의 증상이 지속되거나 코피 등의 출혈이 잦고 생리, 그 밖에 출혈이 멈추기 어려운 증상이 있는 분 ⑨ 이 제품에 첨가제로 함유된 프로필렌글리콜에 의하여 알레르기를 일으킬 수 있으므로 이 성분에 과민하거나 알레르기 반응을 보였던 적이 있는 분은 사용 전에 의사 또는 약사와 상의하여 주십시오(프로필렌글리콜 함유 제제에만 표시한다). (나) 염모제 사용 전의 주의 ① 염색 전 2일 전(48시간 전)에는 다음의 순서에 따라 매회 반드시 패치테스트(patch test)를 실시하여 주십시오. 패치테스트는 염모제에 부작용이 있는 체질인지 아닌지를 조사하는 테스트입니다. 과거에 아무 이상이 없이 염색한 경우에도 체질의 변화에 따라 알레르기 등 부작용이 발생할 수 있으므로 매회 반드시 실시하여 주십시오. (패치테스트의 순서 ㉠~㉣을 그림 등을 사용하여 알기 쉽게 표시하며, 필요 시 사용 상의 주의사항에 "별첨"으로 첨부할 수 있음) ㉠ 먼저 팔의 안쪽 또는 귀 뒤쪽 머리카락이 난 주변의 피부를 비눗물로 잘 씻고 탈지면으로 가볍게 닦습니다. ㉡ 다음에 이 제품 소량을 취해 정해진 용법대로 혼합하여 실험액을 준비합니다. ㉢ 실험액을 앞서 세척한 부위에 동전 크기로 바르고 자연건조시킨 후 그대로 48시간 방치합니다.(시간을 잘 지킵니다) ㉣ 테스트 부위의 관찰은 테스트액을 바른 후 30분 그리고 48시간 후 총 2회를 반드시 행하여 주십시오. 그 때 도포 부위에 발진, 발적, 가려움, 수포, 자극 등의 피부 이상이 있는 경우에는 손 등으로 만지지 말고 바로 씻어내고 염모는 하지 말아 주십시오. 테스트 도중, 48시간 이전이라도 위와 같은 피부이상을 느낀 경우에는 바로 테스트를 중지하고 테스트액을 씻어내고 염모는 하지 마십시오. ㉤ 48시간 이내에 이상이 발생하지 않는다면 바로 염모하여 주십시오. ② 눈썹, 속눈썹 등에는 위험하므로 사용하지 마십시오. 염모액이 눈에 들어갈 염려가 있습니다. 그 밖에 두발 이외에는 염색하지 말아 주십시오. ③ 면도 직후에는 염색하지 말아 주십시오. ④ 염모 전후 1주간은 파마 · 웨이브(퍼머넌트웨이브)를 하지 말아 주십시오.

	㈐ 염모 시의 주의 ① 염모액 또는 머리를 감는 동안 그 액이 눈에 들어가지 않도록 하여 주십시오. 눈에 들어가면 심한 통증을 발생시키거나 경우에 따라서 눈에 손상(각막의 염증)을 입을 수 있습니다. 만일, 눈에 들어갔을 때는 절대로 손으로 비비지 말고 바로 물 또는 미지근한 물로 15분 이상 잘 씻어 주시고 곧바로 안과 전문의의 진찰을 받으십시오. 임의로 안약 등을 사용하지 마십시오. ② 염색 중에는 목욕을 하거나 염색 전에 머리를 적시거나 감지 말아 주십시오. 땀이나 물방울 등을 통해 염모액이 눈에 들어갈 염려가 있습니다. ③ 염모 중에 발진, 발적, 부어오름, 가려움, 강한 자극감 등의 피부이상이나 구역, 구토 등의 이상을 느꼈을 때는 즉시 염색을 중지하고 염모액을 잘 씻어내 주십시오. 그대로 방치하면 증상이 악화될 수 있습니다. ④ 염모액이 피부에 묻었을 때는 곧바로 물 등으로 씻어내 주십시오. 손가락이나 손톱을 보호하기 위하여 장갑을 끼고 염색하여 주십시오. ⑤ 환기가 잘 되는 곳에서 염모하여 주십시오. ㈐ 염모 후의 주의 ① 머리, 얼굴, 목덜미 등에 발진, 발적, 가려움, 수포, 자극 등 피부의 이상반응이 발생한 경우, 그 부위를 손으로 긁거나 문지르지 말고 바로 피부과 전문의의 진찰을 받으십시오. 임의로 의약품 등을 사용하는 것은 삼가 주십시오. ② 염모 중 또는 염모 후에 속이 안 좋아지는 등 신체이상을 느끼는 분은 의사에게 상담하십시오. ㈒ 보관 및 취급상의 주의 ① 혼합한 염모액을 밀폐된 용기에 보존하지 말아 주십시오. 혼합한 액으로부터 발생하는 가스의 압력으로 용기가 파손될 염려가 있어 위험합니다. 또한 혼합한 염모액이 위로 튀어 오르거나 주변을 오염시키고 지워지지 않게 됩니다. 혼합한 액의 잔액은 효과가 없으므로 잔액은 반드시 바로 버려 주십시오. ② 용기를 버릴 때는 반드시 뚜껑을 열어서 버려 주십시오. ③ 사용 후 혼합하지 않은 액은 직사광선을 피하고 공기와 접촉을 피하여 서늘한 곳에 보관하여 주십시오.
13. 탈염 · 탈색제	㈎ 다음 분들은 사용하지 마십시오. 사용 후 피부나 신체가 과민상태로 되거나 피부이상반응을 보이거나, 현재의 증상이 악화될 가능성이 있습니다. ① 두피, 얼굴, 목덜미에 부스럼, 상처, 피부병이 있는 분 ② 생리 중, 임신 중 또는 임신할 가능성이 있는 분

13. 탈염 · 탈색제	③ 출산 후, 병중이거나 또는 회복 중에 있는 분, 그 밖에 신체에 이상이 있는 분 (나) 다음 분들은 신중히 사용하십시오. ① 특이체질, 신장질환, 혈액질환 등의 병력이 있는 분은 피부과 전문의와 상의하여 사용하십시오. ② 이 제품에 첨가제로 함유된 프로필렌글리콜에 의하여 알레르기를 일으킬 수 있으므로 이 성분에 과민하거나 알레르기 반응을 보였던 적이 있는 분은 사용 전에 의사 또는 약사와 상의하여 주십시오. (다) 사용 전의 주의 ① 눈썹, 속눈썹에는 위험하므로 사용하지 마십시오. 제품이 눈에 들어갈 염려가 있습니다. 또한, 두발 이외의 부분(손발의 털 등)에는 사용하지 말아 주십시오. 피부에 부작용(피부이상반응, 염증 등)이 나타날 수 있습니다. ② 면도 직후에는 사용하지 말아 주십시오. ③ 사용을 전후하여 1주일 사이에는 퍼머넌트웨이브 제품 및 헤어스트레이트너 제품을 사용하지 말아 주십시오. (라) 사용 시의 주의 ① 제품 또는 머리 감는 동안 제품이 눈에 들어가지 않도록 하여 주십시오. 만일 눈에 들어갔을 때는 절대로 손으로 비비지 말고 바로 물이나 미지근한 물로 15분 이상 씻어 흘려 내시고 곧바로 안과 전문의의 진찰을 받으십시오. 임의로 안약을 사용하는 것은 삼가 주십시오. ② 사용 중에 목욕을 하거나 사용 전에 머리를 적시거나 감지 말아 주십시오. 땀이나 물방울 등을 통해 제품이 눈에 들어갈 염려가 있습니다. ③ 사용 중에 발진, 발적, 부어오름, 가려움, 강한 자극감 등 피부의 이상을 느끼면 즉시 사용을 중지하고 잘 씻어내 주십시오. ④ 제품이 피부에 묻었을 때는 곧바로 물 등으로 씻어내 주십시오. 손가락이나 손톱을 보호하기 위하여 장갑을 끼고 사용하십시오. ⑤ 환기가 잘 되는 곳에서 사용하여 주십시오. (마) 사용 후 주의 ① 두피, 얼굴, 목덜미 등에 발진, 발적, 가려움, 수포, 자극 등 피부이상반응이 발생한 때에는 그 부위를 손 등으로 긁거나 문지르지 말고 바로 피부과 전문의의 진찰을 받아 주십시오. 임의로 의약품 등을 사용하는 것은 삼가 주십시오. ② 사용 중 또는 사용 후에 구역, 구토 등 신체에 이상을 느끼시는 분은 의사에게 상담하십시오.

	(바) 보관 및 취급상의 주의 ① 혼합한 제품을 밀폐된 용기에 보존하지 말아 주십시오. 혼합한 제품으로부터 발생하는 가스의 압력으로 용기가 파열될 염려가 있어 위험합니다. 또한, 혼합한 제품이 위로 튀어 오르거나 주변을 오염시키고 지워지지 않게 됩니다. 혼합한 제품의 잔액은 효과가 없으므로 반드시 바로 버려 주십시오. ② 용기를 버릴 때는 뚜껑을 열어서 버려 주십시오.
14. 제모제(치오글라이콜릭애씨드 함유제품에만 표시함)	(가) 다음과 같은 사람(부위)에는 사용하지 마십시오. ① 생리 전후, 산전, 산후, 병후의 환자 ② 얼굴, 상처, 부스럼, 습진, 짓무름, 기타의 염증, 반점 또는 자극이 있는 피부 ③ 유사 제품에 부작용이 나타난 적이 있는 피부 ④ 약한 피부 또는 남성의 수염부위 (나) 이 제품을 사용하는 동안 다음의 약이나 화장품을 사용하지 마십시오. ① 땀발생억제제(Antiperspirant), 향수, 수렴로션(Astringent Lotion)은 이 제품 사용 후 24시간 후에 사용하십시오. (다) 부종, 홍반, 가려움, 피부염(발진, 알레르기), 광과민반응, 중증의 화상 및 수포 등의 증상이 나타날 수 있으므로 이러한 경우 이 제품의 사용을 즉각 중지하고 의사 또는 약사와 상의하십시오. (라) 그 밖의 사용 시 주의사항 ① 사용 중 따가운 느낌, 불쾌감, 자극이 발생할 경우 즉시 닦아 내어 제거하고 찬물로 씻으며, 불쾌감이나 자극이 지속될 경우 의사 또는 약사와 상의하십시오. ② 자극감이 나타날 수 있으므로 매일 사용하지 마십시오. ③ 이 제품의 사용 전후에 비누류를 사용하면 자극감이 나타날 수 있으므로 주의하십시오. ④ 이 제품은 외용으로만 사용하십시오. ⑤ 눈에 들어가지 않도록 하며 눈 또는 점막에 닿았을 경우 미지근한 물로 씻어내고 붕산수(농도 약 2%)로 헹구어 내십시오. ⑥ 이 제품을 10분 이상 피부에 방치하거나 피부에서 건조시키지 마십시오. ⑦ 제모에 필요한 시간은 모질(毛質)에 따라 차이가 있을 수 있으므로 정해진 시간 내에 모가 깨끗이 제거되지 않은 경우 2~3일의 간격을 두고 사용하십시오.
15. 그 밖에 화장품의 안전정보와 관련하여 기재·표시하도록 식품의약품안전처장이 정하여 고시하는 사용 시의 주의사항	

과제 및 토론

1. 화장품의 법적 체계에 대해 학습한다.

화장품법	
화장품법 시행령	
화장품법 시행규칙	
화장품법 시행규칙에 관한 규정	

• 법제처 국가법령정보센터(www.law.go.kr)에 접속한다.
화장품법, 화장품법 시행령, 화장품법 시행규칙 등을 검색해본다.

2. 화장품의 유형별 분류에 대해 설명한다.

유형분류	효능 · 효과
영 · 유아용 제품류	
목욕용 제품류	
인체 세정용 제품류	
눈 화장용 제품류	
방향용 제품류	
두발 염색용 제품류	
색조 화장용 제품류	
두발관리용 제품류	
손발톱용 제품류	
면도용 제품류	
기초화장품 제품류	
체취방지용 제품류	

3. 화장품의 품질 특성 4대 요건에 대해 설명한다.

1. 안전성	
2. 안정성	
3. 사용성	
4. 유용성	

4. 화장품-의약외품-의약품의 차이점에 대해 설명한다.

구분	화장품	의약외품	의약품
사용대상			
사용목적			
사용기간			
사용범위			
부작용			

5. 화장품 법규에 따른 사용 시 공통 주의사항을 작성한다.

6. 화장품 사용 시 주의사항에 관하여 작성한다.

Chapter. 03

기초화장품 사용하기

1201010234_17v4.2

1. 기초화장품
2. 화장수의 종류 및 특징의 이해
3. 유액의 종류 및 특징의 이해
4. 크림의 종류 및 특징의 이해

Chapter. 3

기초화장품 사용하기

1201010243_17v4.2

1. 기초화장품

피부의 청결, 보호 및 건강을 유지시키기 위해 사용되는 제품, 즉 피부가 정상적으로 기능을 수행할 수 있도록 도와주는 제품을 말한다.

1. 사용 목적

① 피부 표면의 더러움, 메이크업 잔여물 등을 제거하여 피부를 청결히 한다.
② 피부의 pH를 정상적인 상태로 돌려준다.
③ 유분과 수분을 공급하여 피부 결을 정돈한다.
④ 피부 표면의 건조를 방지하여 피부를 매끄럽게 한다.
⑤ 피부의 신진대사를 촉진한다.
⑥ 유해한 환경 인자(자외선, 미생물, 먼지, 공해 등)로부터 피부를 보호한다.

2. 화장품의 기초 원리

(1) 가용화(Solubilization)

① 수성성분에 소량의 유성성분을 투명하게 용해시키는 상태를 말한다.
② 계면활성제(가용화제)는 친수성이 강한 HLB(Hydrophile-Lipophile Balance : 친수 · 친유성 비) 15~18인 것을 주로 사용한다.
(예) 화장수, 에센스, 헤어토닉, 헤어리퀴드, 포마드, 립스틱, 네일에나멜, 향수 등

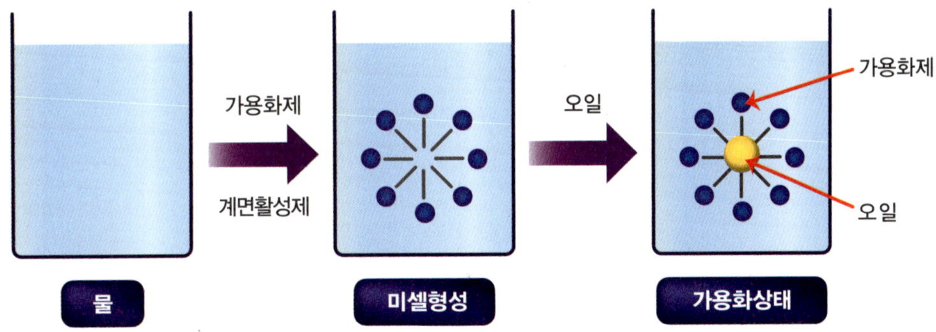

그림 3-1 화장품으로의 가용화

(2) 유화(Emulsion)

① 하나의 액체 속에 그것과 성질이 다른 액체를 아주 미세한 입자로 분산시켜 우유와 같은 성상이 지속적이고 안정적으로 유지되도록 하는 기술을 말한다.

② 이를 위해 다양한 종류의 유화제가 사용되며 화장품 제조 기술의 발달은 유화제의 발달과 깊은 관련이 있다.

③ 물과 기름처럼 서로 섞이지 않는 두 가지 액체 중에 작은 입자(내상)로 다른 쪽의 액체(외상)를 안정한 상태로 분산시키는 것으로, 오일이 물에 입자 형태로 분산되거나 아니면 물이 오일에 분산되어 있는 상태를 말한다.

④ 물과 오일처럼 서로 용해되지 않는 액체가 섞여 있으므로, 유화 제품은 불투명하고 뿌옇게 백탁화되어 보이며 우유빛을 띠게 된다.

⑤ 유화제품이 백탁현상을 띠는 이유는 분산매와 분산상의 굴절률이 다르고, 분산상 입자도 크기 때문이다.

⑥ 유화의 종류는 수중유형(Oil in Water, O/W)과 유중수형(Water in Oil, W/O)으로 크게 나눌 수 있다.

⑦ 그 밖에 다중 유화(W/O/W, O/W/O)도 있다.

친유성 유화 (유중수적형, W/O)	친수성 유화 (수중유적형, O/W)	다중유화
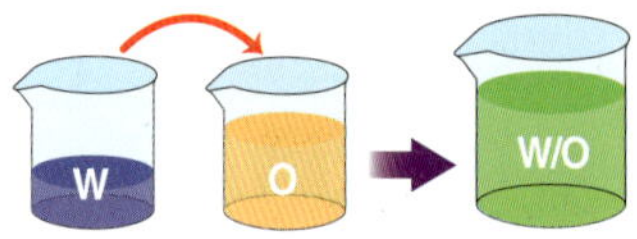	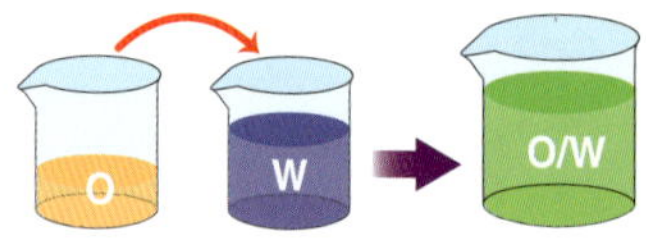	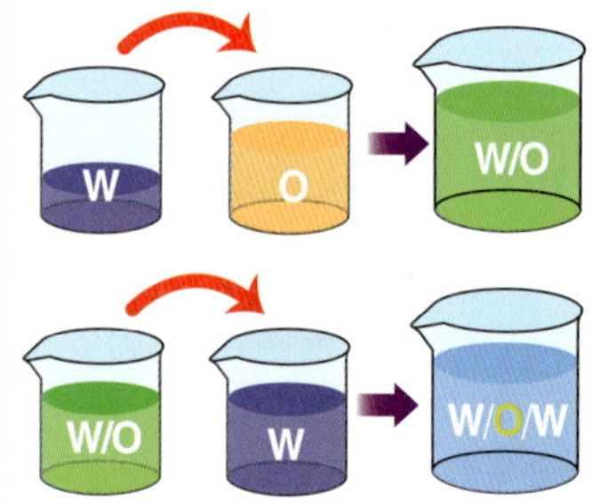
• 유성분의 기제 중에 수분의 미립자를 분산시켜 유화한다. • 사용감이 부드럽고 피부 내부의 수분 발산을 방지한다. • 클렌징크림, 마사지크림, 베이비크림 등	• 수분을 기제로 하여 유성분의 미립자를 분산시켜 유화한다. • 사용감이 산뜻하고 보습효과가 우수하다. • 물에 잘 용해되지 않는 유성의 화학 물질의 유화에 사용된다. • 모이스처크림, 밀크로션 등	• 유, 수분을 미립자로 분산시켜 친유성 유화 후 다시 친수성 유화의 방법을 사용한다. • 친수성 유화의 장점과 친유성 유화의 장점을 고루 갖고 있다. • 액정(liguid crystal)유화, 리포좀 유화 등이 여기에 속한다.

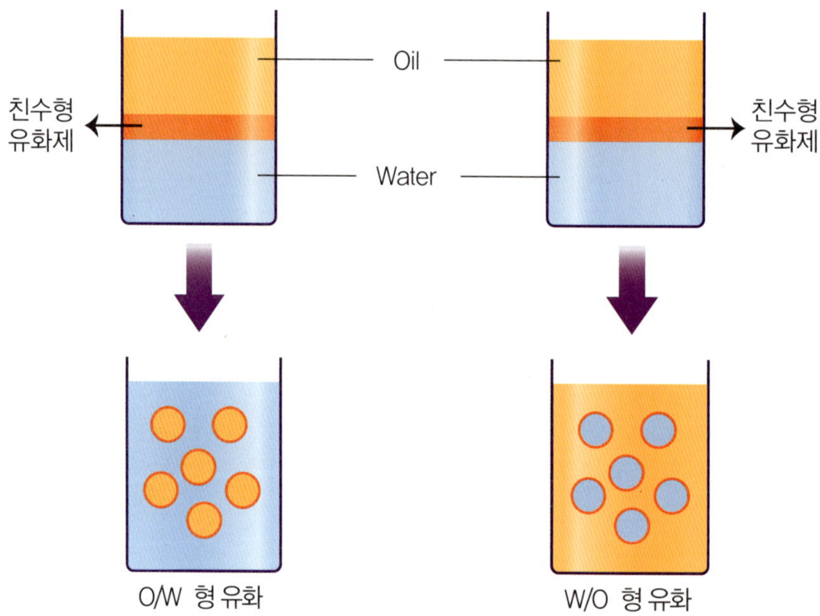

그림 3-2 화장품의 친유성과 친수성

Check point

리포좀

레시틴과 같이 라멜라 액정을 형성하는 양친매성지질을 과잉의 물안에 분산시키면 폐쇄형의 소포체가 만들어진다. 이것을 리포좀(liposome) 또는 베지클(vesicle)이라고 한다.

베지클(vesicle)은 만드는 방법에 따라 크기나 구조가 달라지며 그 구조로부터 캡슐화한 기능을 갖는다.

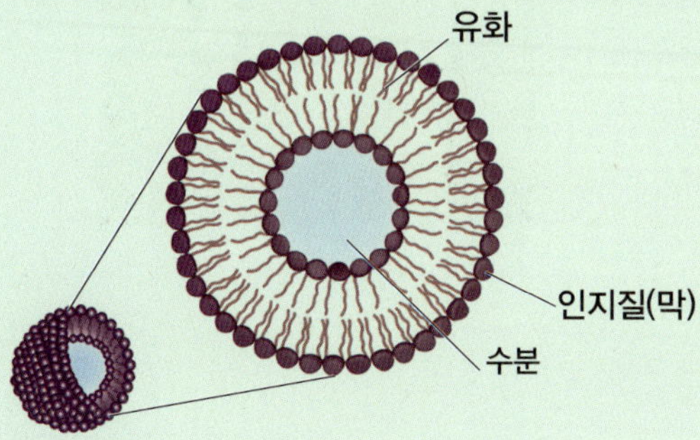

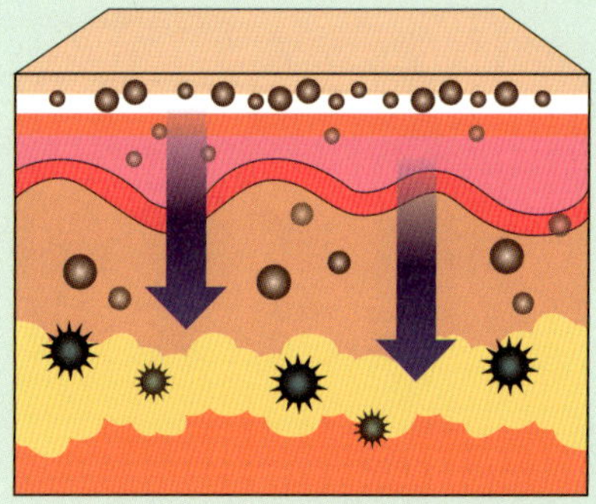

(3) 분산(Dispersion)

① 안료 등의 고체 입자를 액체 속에 균일하게 혼합시키는 것

② 주로 메이크업 화장품의 제조에 이용

(예) 파운데이션, 마스카라, 아이라이너, 네일에나멜 등

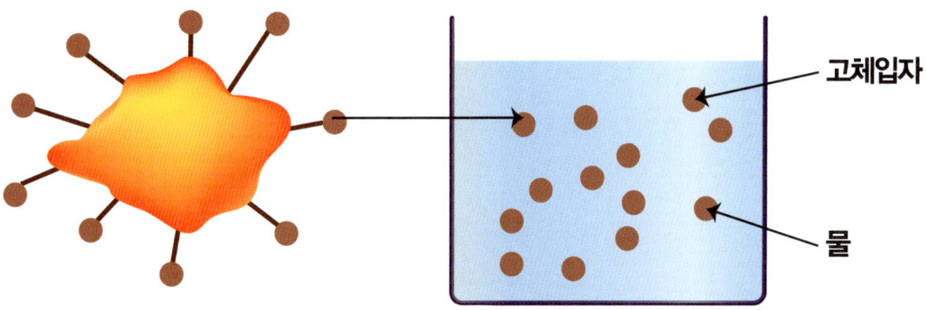

그림 3-3 분산제조 화장품

3. 기초화장품의 용액과 제형

(1) 용액 : 용질을 용제에 용해시켜 놓은 상태

① 용제 : 물, 오일

② 용질 : 알코올, 식물추출물, 미네랄오일 등

③ 용액의 종류

- 희석용액 : 용제의 양에 비해 용질이 적은 상태
- 농축용액 : 용제의 양에 비해 용질이 많은 상태
- 포화용액 : 일정한 온도에서 더 이상 용질이 용해하거나 흡수할 수 없는 상태

④ 용액의 제형

- 수용액 : 로션, 아스트리젠트, 토너 등
- 오일 : 클렌징오일, 마사지오일 등
- 현탁액 : 용해하기 어려운 분말이나 액체를 일시적으로 혼합해 놓은 상태
- 분말 : 여러 공정을 거쳐 고형화 시킨 물질을 미립자로 분쇄해 놓은 상태
- 젤 : 물, 아미노산, 점액질 등을 혼합하여 젤의 형태로 만든 상태
- 유액 : 지속적이고 안정적인 물과 기름의 분자를 분산시켜 유화제 등의 보조물을 이용하여 혼합상태를 유지할 수 있도록 결합시킨 상태로 각종 크림, 밀크로션 등이 이에 속한다.

[화장품 제형 및 용기]

화장품법 통칙

이 고시의 영문명칭은 "Korean Functional Cosmetics Codex"라 하고, 줄여서 「KFCC」라 할 수 있다.

제제를 만들 경우에는 따로 규정이 없는 한 그 보존 중 성상 및 품질의 기준을 확보하고 그 유용성을 높이기 위하여 부형제, 안정제, 보존제, 완충제 등 적당한 첨가제를 넣을 수 있다. 다만, 첨가제는 해당 제제의 안전성에 영향을 주지 않아야 하며, 또한 기능을 변하게 하거나 시험에 영향을 주어서는 아니된다.

화장품의 제형

1. **로션제** : 유화제 등을 넣어 유성성분과 수성성분을 균질화하여 점액상으로 만든 제형
2. **액제** : 화장품에서 사용되는 성분을 용제 등에 녹여서 액상으로 만든 제형
3. **크림제** : 유화제 등을 넣어 유성성분과 수성성분을 균질화하여 반고형상으로 만든 제형
4. **침적마스크제** : 액제, 로션제, 크림제, 겔제 등을 부직포 등의 지지체에 침적하여 만든 제형
5. **겔제** : 액체를 침투시킨 분자량이 큰 유기분자로 이루어진 반고형상의 제형
6. **에어로졸제** : 원액을 같은 용기 또는 다른 용기에 충전한 분사제(액화기체, 압축기체 등)의 압력을 이용하여 안개모양, 포말상 등으로 분출하도록 만든 제형
7. **분말제** : 균질하게 분말상 또는 미립상으로 만든 제형

화장품의 용기

1. **밀폐용기** : 일상의 취급 또는 보통 보존상태에서 외부로부터 고형의 이물이 들어가는 것을 방지하고 고형의 내용물이 손실되지 않도록 보호할 수 있는 용기를 말한다. 밀폐용기로 규정되어 있는 경우에는 기밀용기도 쓸 수 있다.
2. **기밀용기** : 일상의 취급 또는 보통 보존상태에서 액상 또는 고형의 이물 또는 수분이 침입하지 않고 내용물을 손실, 풍화, 조해 또는 증발로부터 보호할 수 있는 용기를 말한다. 기밀용기로 규정되어 있는 경우 밀봉용기도 쓸 수 있다.

3. 밀봉용기 : 일상의 취급 또는 보통의 보존상태에서 기체 또는 미생물이 침입할 염려가 없는 용기를 말한다.

4. 차광용기 : 광선의 투과를 방지하는 용기 또는 투과를 방지하는 포장을 한 용기를 말한다.

[저장 온도 및 pH]

표준온도	20℃
상 온	15~25℃
실 온	1~30℃
미 온	30~40℃
냉 소	1~15℃ 이하의 곳
냉 수	10℃ 이하 물
미온탕	30~40℃
온 탕	60~70℃
열 탕	100℃
냉 침	15~25℃
온 침	35~45℃

액성의 pH

액성을 산성, 알칼리성 또는 중성으로 나타낸 것은 따로 규정이 없는 한 리트머스지를 써서 검사한다. 액성을 구체적으로 표시할 때에는 pH값을 쓴다.

미산성	약 5~약 6.5
약산성	약 3~약 5
강산성	약 3 이하
미알칼리성	약 7.5~약 9
약알칼리성	약 9~약 11
강알칼리성	약 11 이상

4. 계면활성제

(1) 계면활성제의 정의

물과 기름 같이 서로 섞이지 않는 물질의 경계면, 즉 계면(界面)에 흡착하여 그 계면의 성질을 현저히 변화시키는 물질을 말한다.

(2) 계면활성제의 구조

① 한 분자 내에 물에 친화성을 가지는 친수성기(Hydrophilic Group)와 기름에 친화성을 나타내는 친유성기(Lipophilic Group)를 동시에 갖는 양친매성의 물질이다.

② 세탁제, 유연제 등의 생활용품으로 이용될 뿐만 아니라 섬유, 도료, 식품, 의약품, 화장품, 건축, 펄프 등 여러 공업분야에서 널리 사용되고 있다.

③ 성질과 용도에 따라 유화제, 가용화제, 분산제, 습윤제, 기포제, 소포제, 세정제, 대전방지제, 응집제 등 여러 명칭으로 불리고 있다.

(3) 계면활성제의 종류

종류	특징	비고
양이온성	정전기 발생을 억제, 살균 소독작용	헤어린스, 헤어트리트먼트
음이온성	세정작용, 기포형성 작용 우수	비누, 샴푸
양쪽성	피부자극 적고 세정능력 가짐	유아용 샴푸
비이온성	피부자극이 가장 적음	기초화장품, 메이크업화장품

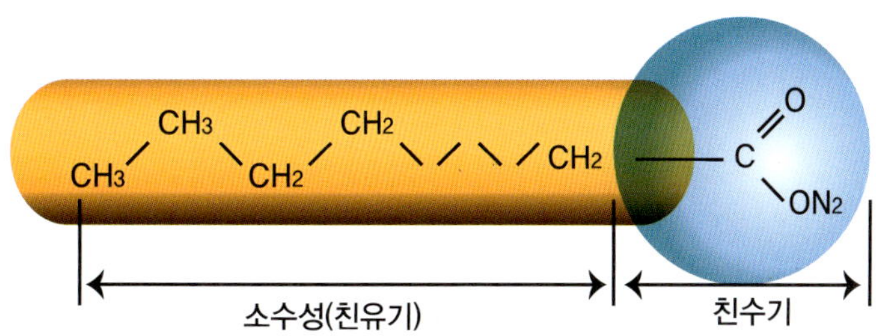

그림 3-4 친유기와 친수기의 구조

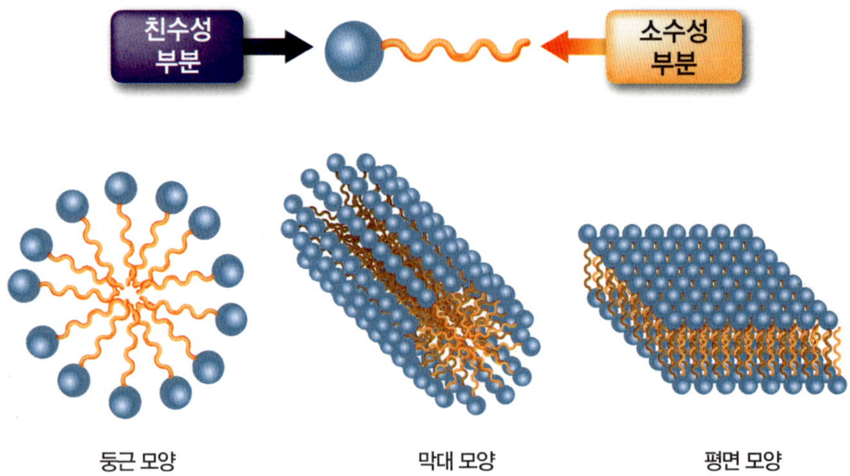

그림 3-5 계면활성제의 모양

(4) 계면활성제의 특성

• HLB(Hydrophilic Lipophilic Balance : 친수 · 친유평형)

계면활성제가 가지고 있는 친수성기와 친유성기의 비율을 수치화한 것이 HLB이다. 에틸렌옥사이드(EO)가 부가된 계면활성제에 대해 0에서 20의 값을 부여한 것으로, HLB값이 20에 가까울수록 친수성이며, 0에 가까울수록 친유성이다.

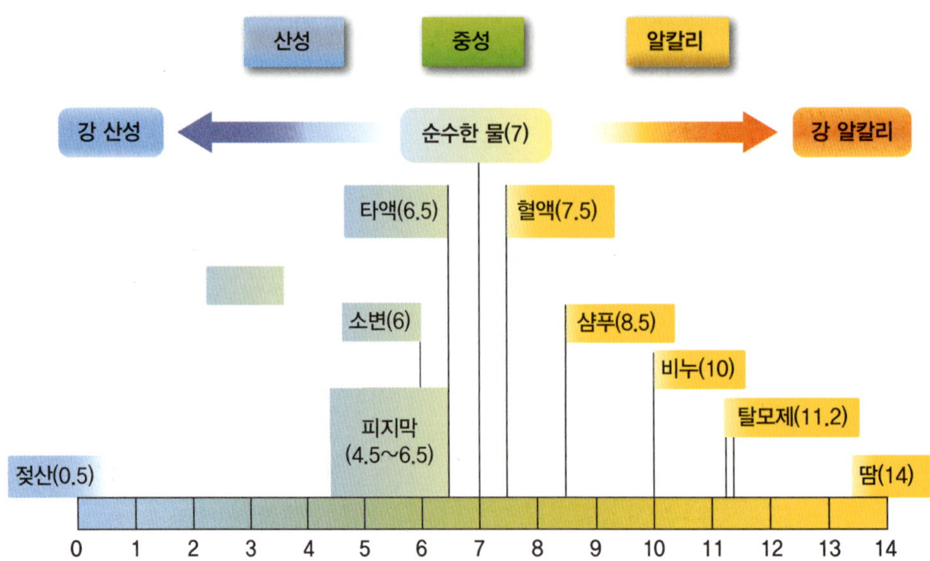

그림 3-6 계면활성제 종류와 친수·친유평형(HLB)

Check point

미셀(Micelle)

친유성(소수성) 꼬리부분은 내부를 향하고 친수성 머리부분은 밖을 향한 형태로 비누 혹은 세제에 분자의 뭉치로 되어 있다. 미셀은 물 속에서 에멀젼을 형성함으로써 기름을 물속으로 씻겨 나가게 한다.

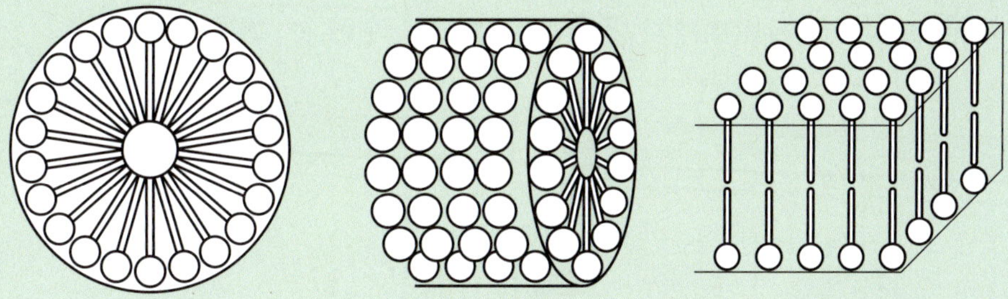

구상미셀 막대상미셀 판상미셀

(5) 화장품 공업에서의 계면활성제의 조건

① 색은 담색이어야 한다.
② 냄새가 없어야 한다.
③ 안정성이 좋아야 한다.
④ 피부위생학상 독성 및 자극성이 없어야 한다.

5. 기초화장품의 분류와 특징

(1) 세안 화장품

화장의 첫 단계에 사용되며 피부에서 분비되는 땀과 피지, 먼지, 각질, 메이크업 잔여물 등을 제거할 목적으로 사용된다.

(2) 세안 화장품의 분류

1) 씻어내는 타입

① 클렌징 폼(Cleansing foam)

- 거품이 나는 타입으로 비누의 세정력과 피부 보호 기능을 갖추고 있다.
- 피부에 자극이 없어 민감하고 약한 피부에 효과적이다.
- 보습제와 에몰리언트제가 다량 배합되어 세안 후 피부가 당기거나 건조해지는 것을 방지한다.

② 페이셜 스크럽(Facial scrub)

- 클렌징 폼에 스크럽제가 함유된 제품으로 세정 효과가 매우 우수하다.
- 미세한 알갱이 모양의 스크럽제가 연마제 역할을 한다.
- 쉽게 제거되지 않는 모공 속 더러움과 오래된 각질을 제거해 준다.
- 스크럽은 크게 천연계와 합성계로 구분되며, 천연계는 살구씨, 아몬드씨, 복숭아씨 등을 사용한다.

2) 닦아내는 타입

① 클렌징 크림(Cleansing cream)

- 피부에서 분비되는 피지나 메이크업 잔여물 제거 시 사용한다.
- 무대화장과 같은 짙은 메이크업을 지울 때 사용한다.
- 잔여물에 의한 피부트러블이 생길 수 있으므로 반드시 이중 세안해야 한다.

② 클렌징 로션(Cleansing lotion)

- 엷은 메이크업 제거 시 사용되며, 클렌징 크림에 비해 세정력은 약하다.
- 클렌징 크림보다 유분함량이 낮아 피부에 부담이 적다.
- 수분의 함량이 많아 피부 부담이 적고 부드럽다.

③ 클렌징 워터(Cleansing water)

- 화장수 타입으로 세정력이 약하다.
- 부분 메이크업 제거 시 사용된다.
- 유성성분에 대한 세정력은 약한 편으로 다른 클렌징 제품과 병행해서 사용한다.

④ 클렌징 젤(Cleansing gel)

- 수성과 유성의 두 가지 타입이 있으며, 유분감이 적고 청량감이 있다.
- 유성의 경우 다량의 유분과 계면활성제를 함유하여 세정력이 높다.
- 수성타입은 유성타입에 비해 세정력은 떨어지나 사용감이 산뜻하다.

⑤ 클렌징 오일(Cleansing oil)

- 유성 성분에 소량의 계면활성제와 에탄올로 이루어져 있다.
- 피부침투성이 좋아서 땀이나 피지에 강한 화장도 깨끗하게 닦아 주는 장점이 있다.
- 세안 후 당기는 정도가 심한 건성피부에 적합하다.

2. 화장수의 종류 및 특징의 이해

(1) 정의

세안 후 피부를 유연하게 하고 각질층에 수분을 공급하며 세안 후 남아 있을 메이크업 잔여물을 제거하여 피부를 청결하게 유지할 목적으로 사용하는 투명하거나 반투명한 액상 제품으로 흔히 토닉 로션(Tonic lotion)으로 불린다.

(2) 사용 목적

① 세안 후 피부를 유연하게 하고 각질층에 수분을 공급한다.
② 세안 후 남아 있는 메이크업 잔여물을 제거하여 피부를 청결히 한다.
③ 세안 후 피부의 pH가 일시적으로 알칼리성을 띠게 되는데, 화장수를 사용하여 피부의 pH를 원래의 약산성으로 만든다.

(3) 분류

1) 유연 화장수(Softening lotion)

① 각질층을 촉촉하고 부드럽게 유지시킨다.
② 다음 단계 화장품의 흡수를 쉽게 한다.
③ 일시적으로 알칼리화 된 피부의 pH를 원래의 약산성으로 만든다.
④ 피부 타입과 연령에 따른 다양한 유연화장수가 있다.

2) 수렴 화장수(Astringent lotion)

① 각질층의 모공을 수축시켜 피부결을 가다듬고 정돈해 준다.

② 과다한 피지와 땀 분비를 억제하여 지성 피부에 적합하다.

③ 토닝 로션(Toning lotion)으로도 불리며 유연 화장수보다 알코올 함량이 높다.

④ 피부에 청량감과 수렴효과를 부여한다.

3. 유액의 종류 및 특징의 이해

(1) 정의

유액(乳液)은 에멀젼(Emulsion)이라고도 불리며, 유동성을 가지는 제품으로 수분, 보습제, 유분, 계면활성제를 주성분으로 한다.

(2) 효과

① 세안 후 건조해진 피부에 수분과 영양분을 공급한다.
② 피부에 유수분 밸런스를 조절하여 피부의 항상성을 유지하여 준다.

1. 유액의 분류

유분함량에 따라 건성용(유분량이 20~30%), 지성용(유분량이 3~8%), 모이스처 로션, 밀크 로션(유분량이 10~20%)으로 분류된다.

(1) 피부 타입에 따른 분류

피부 타입에 따라 중성 피부용, 지성 피부용, 복합성 피부용, 민감성 피부용으로 구분한다.

중성 피부용	지성 피부용	복합성 피부용	민감성 피부용

(2) 사용 목적에 따른 분류

사용 목적에 따라 클렌징 로션, 마사지 로션, 선블럭 로션, 바디 로션, 핸드 로션, 모이스처 로션 등으로 구분한다.

클렌징 로션	마사지 로션	선블럭 로션	바디 로션	핸드 로션
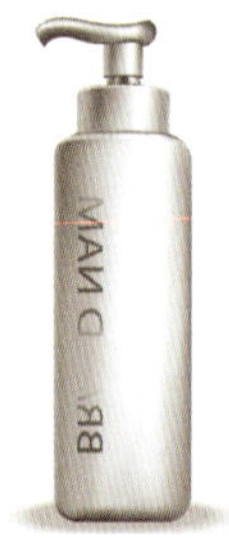				

(3) 제형에 따른 분류

① **친수성 유액** : 가볍고 산뜻한 느낌으로, 대부분의 로션 형태이다.

② **친유성 유액** : 우수한 보습효과를 줄 수 있는 유액이다.

③ **다중유화 유액** : 사용감과 보습력을 모두 기대할 수 있는 유액이다.

④ **실리콘 베이스 유액** : 가벼운 사용감과 유효성분의 안정성에 효과가 있는 유액이다.

2. 유액의 주요성분

유액의 주요성분은 유성성분, 수성성분, 계면활성제, 색소, 향, 방부제, 산화방지제, 활성성분, 킬레이트제 등으로 구성된다.

① **유성성분** : 탄화수소, 유지, 왁스, 지방산, 고급알코올, 에스테르유, 실리콘유 등

② **수성성분** : 보습제, 점증제, 알코올, 정제수 등

③ **계면활성제** : 비이온 계면활성제

3. 에센스

(1) 정의

영양성분들을 농축해 놓은 미용액으로 앰플(Ampoule), 컨센트레이트(Concentrate) 또는 세럼(Serum)이라는 명칭으로도 불린다.

(2) 효과

① 보습, 피부 보호, 영양 공급의 효과가 있다.
② 거칠어진 피부개선, 피부 수분 손실에 대한 보정 등의 효과가 있다.

(3) 기능에 따른 분류

미백, 주름개선, 보습, 여드름 진정 등과 같이 기능에 따른 다양한 에센스가 있다.

미백 에센스	주름개선 에센스	보습 에센스	여드름 진정 에센스

(4) 제형에 따른 분류

① **스킨 타입** : 산뜻한 사용감과 다양한 보습제를 배합하였으며, 가용화기술을 사용하였다. 고분자 점증제의 사용으로 점도를 조절하였으며, 수용성 성분만 배합 가능하다.
② **유화 타입** : 유성 성분의 다량 함유로 보습 및 유연 효과가 우수하다.
③ **오일 타입** : 동식물 유지를 사용한다.
④ **젤 타입** : 사용의 변화가 어렵고 유용성 성분을 다량 배합하기 어렵다. 투명한 외관과 캡슐 형태로 제품화가 가능하다.

스킨 타입	유화 타입	오일 타입	젤 타입

4. 크림의 종류 및 특징의 이해

1. 정의

세안 후 소실된 천연 보호막을 일시적으로 보충해서 피부에 촉촉함을 주고 외부의 자극으로부터 피부를 보호하기 위해 사용하는 반고체상 제품으로, 물과 기름을 피부에 흡착하기 쉬운 유화 상태로 만든 제품이다.

2. 분류

(1) 기능에 따른 크림 분류

성분이나 효과에 따라 모이스처(Moisture), 에몰리언트(Emollient), 화이트닝(Whitening) 크림 등으로 구분하고, 사용부위와 대상에 따라 아이(Eye), 핸드(Hand), 베이비(Baby) 크림 등으로 구분한다.

① 성분이나 효과에 따른 분류

모이스처(Moisture) 크림	에몰리언트(Emollient) 크림	화이트닝(Whitening) 크림

② 사용부위와 대상에 따른 분류

아이(Eye) 크림	핸드(Hand) 크림	베이비(Baby) 크림

(2) 사용 시간에 따른 크림 분류

① 데이 크림

SPF가 함유되어 있어서 낮 동안의 외부 자극(햇빛, 건조한 공기, 공해 등)으로부터 피부 보호를 위해 바르는 크림이다.

② 나이트 크림

수분과 유분 함유량이 높아 밤이나 취침 전에 바르는 영양 크림이다.

데이 크림	나이트 크림

(3) 유분 함량에 따른 크림 분류

① 건성 피부용 크림 : 50% 이상의 유분량을 함유한다.
② 모든 피부용 크림 : 30~50%의 유분량을 함유한다.
③ 지성 피부용 크림 : 10~30%의 유분량을 함유한다.

건성 피부용 크림	모든 피부용 크림	지성 피부용 크림
		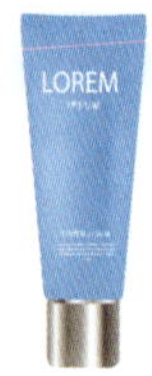

(4) 유화 형태에 따른 크림 분류

① 친수성 크림
친유성 크림에 비해 수분 손실이 빠르기 때문에 촉촉함의 지속성이 낮다.

② 친유성 크림
친유성 크림은 친수성 크림에 비해 대략 4배 더 촉촉함의 지속성이 유지된다.

③ 기타
다중 유화 크림 및 실리콘 베이스 크림 등이 있다.

친수성 크림	친유성 크림	다중 유화 크림 및 실리콘 베이스 크림

3. 크림의 주요 성분

크림의 주요성분은 유성성분, 수성성분, 계면활성제, 색소, 향, 방부제, 산화방지제, 활성성분, 킬레이트제 등으로 구성된다.

① 유성성분 : 탄화수소, 유지, 왁스, 지방산, 고급알코올, 합성 에스테르유, 실리콘유 등

② 수성성분 : 보습제, 점증제, 알코올, 정제수 등

③ 계면활성제 : 비이온 계면활성제

4. 팩과 마스크

(1) 정의

팩이란 원래 패키지(Package) 즉 '포장하다' 또는 '둘러싸다'에서 유래되었고, 유럽에서는 주로 마스크(Mask)로 통용되고 있는데 외부 공기와의 차단 여부에 따라 분류하는 것이 일반적이다.

(2) 주요 성분

피막 형성제와 보습제를 기본으로 하여 에탄올과 가용화제 등이 배합되어 있다.

(3) 팩의 효과

① 피부 신진대사 촉진과 적당한 긴장감을 부여한다.

② 외부 공기와의 일시적 차단으로 영양 성분 흡수가 용이하다.

③ 수분 유지의 보습작용으로 피부 유연효과가 있다.

④ 흡착작용에 의한 피부노폐물 제거로 청정작용이 있다.

(4) 팩의 분류와 특징

1) 필 오프 타입(Peel off type)

① 바른 후 건조된 피막을 떼어내는 타입이다.

② 건조되는 동안 긴장감을 주어 피부에 탄력을 부여한다.

③ 피부의 노폐물과 죽은 각질 세포 등을 함께 제거함으로써 청결한 피부를 유지한다.
④ 떼어낼 때 자극이 될 수 있기 때문에 민감성 피부나 여드름 피부는 사용을 자제해야 한다.

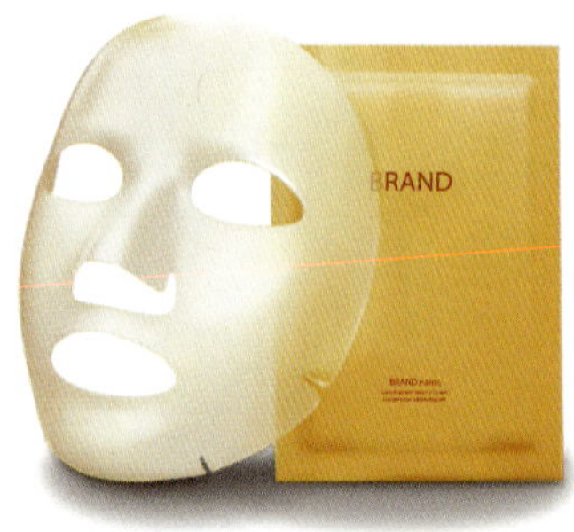

2) 워시 오프 타입(Wash off type)

① 바르고 20~30분 경과 후에 따뜻한 물로 씻어내는 타입이다.
② 머드(Mud)나 클레이(Clay) 등을 함유하여 피지 흡착과 각질 제거 기능을 보유하고 있다.
③ 지성 피부나 T존 부위에 주로 사용한다.
④ 상쾌한 사용감을 느낄 수 있어 여름철에 사용하면 효과적이다.
⑤ 카올린(Kaolin), 알란토인(Allantoin) 등의 성분 함유로 피부 재생과 진정 효과가 있다.

3) 티슈 오프 타입(Tissue off type)

① 친수성 타입의 크림 형태로 도포 후 10~15분 경과 후에 티슈로 닦아내는 타입이다.

② **장점** : 사용이 간편하고 보습력이 우수하다.

③ **단점** : 다른 팩에 비해 긴장감과 청량감이 떨어진다.

④ 민감성 피부에 적합하다.

4) 시트 타입(Sheet type)

① 부직포나 거즈 등에 팩 제를 발라 피부위에 붙였다 떼어내는 타입이다.

② 사용이 쉽고 간편하다.

③ 원하는 부위(코, 눈가 등)에 집중 관리가 가능하다.

(5) 피부 타입에 따른 팩의 특징

1) 건성 피부

① 크림 타입, 파우더 타입, 왁스 타입 등 다양한 타입의 팩을 사용할 수 있다.

② 크림 타입 팩의 경우는 보습, 영양, 유연 효과가 있는 성분이 함유되어 있다.

③ 파우더 타입, 왁스 타입 팩의 경우는 특수 관리 및 2차 마스크로 사용되는 경우가 많다.

④ 미용성분은 주로 히알루론산, 비타민류, 아로마 오일, 콜라겐 등의 성분을 많이 사용한다.

2) 정상 피부

① 크림 타입, 젤 타입, 파우더 타입, 왁스 타입 등 많은 종류의 성상의 팩을 사용할 수 있다.

② 크림 타입의 팩은 보습, 영양, 진정 효과가 있는 성분이 함유되어 있다.

③ 젤 타입의 팩은 보습, 진정, 청량감을 주는 성분이 함유되어 있다.

④ 파우더 타입, 왁스 타입 팩의 경우는 특수관리 및 2차 마스크로 주로 사용한다.

⑤ 미용성분은 주로 식물성 단백질, 천연보습인자 성분, 해조 추출물, 식물성 추출물, 아로마 오일 등의 성분을 많이 사용한다.

3) 지성 피부

① 크림 타입, 클레이 타입, 젤 타입의 성상의 팩을 주로 사용한다.

② 정화효과, 청정효과, 진정효과 및 청량감을 주는 성분이 함유되어 있다.

③ 미용성분은 주로 아로마 오일, 과일산, 알로에베라, 머드와 같은 다양한 클레이 성분을 사용한다.

4) 예민 피부

① 젤 타입, 크림 타입 성상의 팩을 주로 사용한다.

② 외부자극으로부터 민감해진 피부에 수분공급과 진정효과를 주는 성분이 함유되어 있다.

③ 미용성분은 주로 카모마일, 칼렌듈라, 아쥴렌, 알란토인, 알로에베라, 해조 추출물 등의 성분이 많이 사용된다.

5) 노화 피부

① 크림 타입, 파우더 타입, 왁스 타입 등 다양한 타입의 팩을 사용할 수 있다.

② 주로 크림 타입 팩의 경우는 잔주름 개선, 수분, 영양공급의 효과가 있는 성분이 함유되어 있다.

③ 파우더 타입, 왁스 타입 팩의 경우는 특수관리 및 2차 마스크로 사용되는 경우가 많다.

④ 미용성분은 주로 히알루론산, 비타민류, 아로마 오일, 식물성 오일, 콜라겐 등의 성분을 많이 사용한다.

⑤ 피부결 관리 및 보습관리의 효과를 높이고자 과일산 성분을 사용하기도 한다.

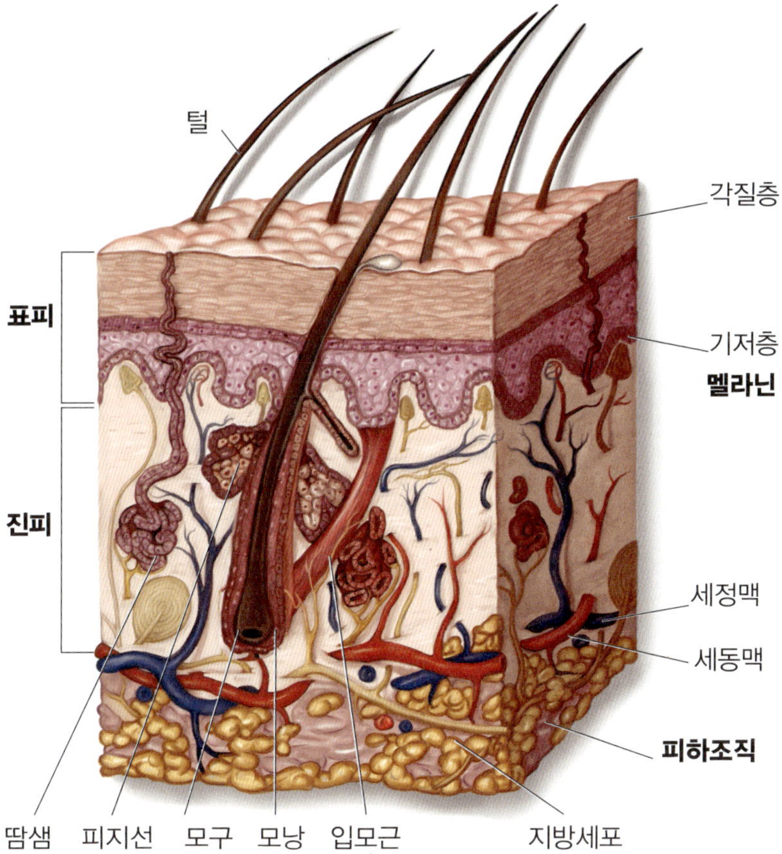

그림 3-7 피부의 구조

[천연화장품과 유기농화장품]

(식품의약품안전처 고시 제2019-66호, 20197.29.)

천연화장품 및 유기농화장품의 기준에 관한 규정(전문)

제1조(용어의 정의)

1. "유기농 원료"란 다음 각 목의 어느 하나에 해당하는 화장품 원료를 말한다.
   가. 「친환경농어업 육성 및 유기식품 등의 관리 · 지원에 관한 법률」에 따른 유기농수산물 또는 이를 이 고시에서 허용하는 물리적 공정에 따라 가공한 것

나. 외국 정부(미국, 유럽연합, 일본 등)에서 정한 기준에 따른 인증기관으로부터 유기농수산물로 인정받거나 이를 이 고시에서 허용하는 물리적 공정에 따라 가공한 것

다. 국제유기농업운동연맹(IFOAM)에 등록된 인증기관으로부터 유기농 원료로 인증받거나 이를 이 고시에서 허용하는 물리적 공정에 따라 가공한 것

2. "식물 원료"란 식물(해조류와 같은 해양식물, 버섯과 같은 균사체를 포함한다) 그 자체로서 가공하지 않거나, 이 식물을 가지고 이 고시에서 허용하는 물리적 공정에 따라 가공한 화장품 원료를 말한다.
3. "동물에서 생산된 원료(동물성 원료)"란 동물 그 자체(세포, 조직, 장기)는 제외하고, 동물로부터 자연적으로 생산되는 것으로서 가공하지 않거나, 이 동물로부터 자연적으로 생산되는 것을 가지고 이 고시에서 허용하는 물리적 공정에 따라 가공한 계란, 우유, 우유단백질 등의 화장품 원료를 말한다.
4. "미네랄 원료"란 지질학적 작용에 의해 자연적으로 생성된 물질을 가지고 이 고시에서 허용하는 물리적 공정에 따라 가공한 화장품 원료를 말한다. 다만, 화석연료로부터 기원한 물질은 제외한다.
5. "유기농유래 원료"란 유기농 원료를 이 고시에서 허용하는 화학적 또는 생물학적 공정에 따라 가공한 원료를 말한다.
6. "식물유래, 동물성유래 원료"란 식물성원료 또는 동물성원료를 가지고 이 고시에서 허용하는 화학적 공정 또는 생물학적 공정에 따라 가공한 원료를 말한다.
7. "미네랄유래 원료"란 미네랄원료를 가지고 이 고시에서 허용하는 화학적 공정 또는 생물학적 공정에 따라 가공한 미네랄 유래원료를 말한다.
8. "천연 원료"란 유기농원료, 식물유래원료, 미네랄원료를 말한다.
9. "천연유래 원료"란 유기농유래원료, 식물유래원료, 동물성유래원료, 미네랄유래원료를 말한다.

천연화장품 및 유기농화장품의 기준

제3조(사용할 수 있는 원료) ① 천연화장품 및 유기농화장품의 제조에 사용할 수 있는 원료는 다음 각 호와 같다. 다만, 제조에 사용하는 원료는 별표 2의 오염물질에 의해 오염되어서는 아니 된다.

1. 천연 원료
2. 천연유래 원료
3. 물
4. 기타 [별표 3]허용 기타원료 및 [별표 4]허용 합성원료에서 정하는 원료

② 합성원료는 천연화장품 및 유기농화장품의 제조에 사용할 수 없다. 다만, 천연화장품 또는 유기농화장품의 품질 또는 안전을 위해 필요하나 따로 자연에서 대체하기 곤란한 제1항 제4호의 원료는 5% 이내에서 사용할 수 있다. 이 경우에도 석유화학 부분(petrochemical moiety의 합)은 2%를 초과할 수 없다.

제4조(제조공정) ① 원료의 제조공정은 간단하고 오염을 일으키지 않으며, 원료 고유의 품질이 유지될 수 있어야 한다. 허용되는 공정 또는 금지되는 공정은 [별표 5]제조공정과 같다.

② 천연화장품 및 유기농화장품의 제조에 대해 금지되는 공정은 다음 각 호와 같다.

1. 별표 5 제조공정의 금지되는 공정
2. 유전자 변형 원료 배합
3. 니트로스아민류 배합 및 생성
4. 일면 또는 다면의 외형 또는 내부구조를 가지도록 의도적으로 만들어진 불용성이거나 생체지속성인 1~100나노미터 크기의 물질 배합
5. 공기, 산소, 질소, 이산화탄소, 아르곤 가스 외의 분사제 사용

제5조(작업장 및 제조설비) ① 천연화장품 또는 유기농화장품을 제조하는 작업장 및 제조설비는 교차오염이 발생하지 않도록 충분히 청소 및 세척되어야 한다.

② 작업장과 제조설비의 세척제는 [별표 6]세척제에 사용가능한 원료에 적합하여야 한다.

제6조(포장) 천연화장품 및 유기농화장품의 용기와 포장에 폴리염화비닐(Polyvinyl chloride (PVC)), 폴리스티렌폼(Polystyrene foam)을 사용할 수 없다.

제7조(보관) ① 유기농화장품을 제조하기 위한 유기농 원료는 다른 원료와 명확히 표시 및 구분하여 보관하여야 한다.

② 표시 및 포장 전 상태의 유기농화장품은 다른 화장품과 구분하여 보관하여야 한다.

제8조(원료조성) ① 천연화장품은 [별표 7]천연 및 유기농 함량계산 방법에 따라 계산했을 때 중량 기준으로 천연 함량이 전체 제품에서 95% 이상으로 구성되어야 한다.

② 유기농화장품은 별표 7에 따라 계산하였을 때 중량 기준으로 유기농 함량이 전체 제품에서 10% 이상이어야 하며, 유기농 함량을 포함한 천연 함량이 전체 제품에서 95% 이상으로 구성되어야 한다.

③ 천연 및 유기농 함량의 계산 방법은 별표 7과 같다.

제9조(자료의 보존) 화장품의 책임판매업자는 천연화장품 또는 유기농화장품으로 표시 · 광고하여 제조, 수입 및 판매할 경우 이 고시에 적합함을 입증하는 자료를 구비하고, 제조일(수입일 경우 통관일)로부터 3년 또는 사용기한 경과 후 1년 중 긴 기간 동안 보존하여야 한다.

제10조(재검토기한) 「훈령 · 예규 등의 발령 및 관리에 관한 규정」에 따라 2020년 1월 1일을 기준으로 매 3년이 되는 시점(매 3년째의 12월 31일까지를 말한다)마다 그 타당성을 검토하여 개선 등의 조치를 하여야 한다.

과제 및 수행

1. 사용 목적에 따라 기초화장품을 분류한다.

사용 목적	종류
세안화장품	
화장수	
유액	
크림	

2. 화장수의 특징을 이해한다.

유연화장수	
수렴화장수	

3. 사용 목적에 따라 화장수를 적용한다.(적용순서에 따라 작성하시오)

4. 유액의 종류 및 특징을 이해한다.

<table>
<tr><th colspan="2">종류</th><th>특징</th></tr>
<tr><td rowspan="2">사용부위에 따른 종류</td><td>얼굴용</td><td></td></tr>
<tr><td>바디용</td><td></td></tr>
<tr><td rowspan="3">제형에 따른 유액의 종류</td><td>친유성 유화 (유중수적형, W/O)</td><td></td></tr>
<tr><td>친수성 유화 (수중유적형, O/W)</td><td></td></tr>
<tr><td>다중 유화 (W/O/W,/ O/W/O)</td><td></td></tr>
</table>

5. 크림의 종류 및 특징을 이해한다.

종류	특징
클렌징 크림	
보습 크림	
각질제거용 크림	
선 크림	
아이 크림	

6. 사용 목적에 따라 유액 및 크림을 사용한다.(적용순서에 따라 작성하시오)

7. 주의사항을 고려하여 위생적으로 사용한다.

(예) (용기에 담긴 제품은 덜어낼 때 깨끗하게 소독된 스파출라를 이용하여 사용할 만큼만 덜어서 사용한다.)

8. 사용한 제품은 위생적으로 보관한다.

(예) 사용 후에는 반드시 뚜껑을 닫아 직사광선이 없는 상온에서 보관한다.

Chapter. 04

기능성 화장품 사용하기

1201010234_17v4.3

Chapter. 4

기능성 화장품 사용하기

1201010243_17v4.3

1. 기능성 화장품

1. 기능성 화장품의 이해

화장품 본래의 기능인 피부의 항상성 유지 외에 새로운 기능을 추가하여 피부를 건강하고 아름답게 하기 위하여 사용하는 물품을 말한다.

화장품법 시행규칙 일부개정에 의해 기존의 기능성 화장품보다 영역이 보다 확대되었다.

2. 기능성 화장품의 영역

"기능성 화장품"이란 화장품 중에서 다음 각 목의 어느 하나에 해당되는 것으로서 총리령으로 정하는 화장품을 말한다. (화장품법 제2조제2호)

① 피부의 미백에 도움을 주는 제품

② 피부의 주름개선에 도움을 주는 제품

③ 피부를 곱게 태워주거나 자외선으로부터 피부를 보호하는 데 도움을 주는 제품

④ 모발의 색상 변화 · 제거 또는 영양공급에 도움을 주는 제품

⑤ 피부나 모발의 기능 약화로 인한 건조함, 갈라짐, 빠짐, 각질화 등을 방지하거나 개선하는 데에 도움을 주는 제품

Check point

화장품법 시행규칙

[국무총리령 제1795호, 2022. 2. 18 일부개정]

제2조(기능성 화장품의 범위) 「화장품법」(이하 "법"이라 한다) 제2조제2호 각 목 외의 부분에서 "총리령으로 정하는 화장품"이란 다음 각 호의 화장품을 말한다. 〈개정 2020.8.5〉

1. 피부에 멜라닌색소가 침착하는 것을 방지하여 기미·주근깨 등의 생성을 억제함으로써 피부의 미백에 도움을 주는 기능을 가진 화장품
2. 피부에 침착된 멜라닌색소의 색을 엷게 하여 피부의 미백에 도움을 주는 기능을 가진 화장품
3. 피부에 탄력을 주어 피부의 주름을 완화 또는 개선하는 기능을 가진 화장품
4. 강한 햇볕을 방지하여 피부를 곱게 태워주는 기능을 가진 화장품
5. 자외선을 차단 또는 산란시켜 자외선으로부터 피부를 보호하는 기능을 가진 화장품
6. 모발의 색상을 변화[탈염(脫染)·탈색(脫色)을 포함한다]시키는 기능을 가진 화장품. 다만, 일시적으로 모발의 색상을 변화시키는 제품은 제외한다.
7. 체모를 제거하는 기능을 가진 화장품. 다만, 물리적으로 체모를 제거하는 제품은 제외한다.
8. 탈모 증상의 완화에 도움을 주는 화장품. 다만, 코팅 등 물리적으로 모발을 굵게 보이게 하는 제품은 제외한다.
9. 여드름성 피부를 완화하는 데 도움을 주는 화장품. 다만, 인체세정용 제품류로 한정한다.
10. 피부장벽(피부의 가장 바깥쪽에 존재하는 각질층의 표피)의 기능을 회복하여 가려움 등의 개선에 도움을 주는 화장품
11. 튼살로 인한 붉은 선을 엷게 하는 데 도움을 주는 화장품

기능성화장품 심사에 관한 규정

(식품의약품안전처고시 제2021-55호, 2021. 6.30.,일부개정)

심사자료

제4조(제출자료의 범위)

1. 안전성, 유효성 또는 기능을 입증하는 자료

가. 기원 및 개발경위에 관한 자료

나. 안전성에 관한 자료(다만, 과학적인 타당성이 인정되는 경우에는 구체적인 근거자료를 첨부하여 일부 자료를 생략할 수 있다.)

(1) 단회투여독성시험자료

(2) 1차피부자극시험자료

(3) 안점막자극 또는 기타점막자극시험자료

(4) 피부감작성시험자료

(5) 광독성 및 광감작성 시험자료(자외선에서 흡수가 없음을 입증하는 흡광도 시험자료를 제출하는 경우에는 면제함)

(6) 인체첩포시험자료

(7) 인체누적첩포시험자료(인체적용시험자료에서 피부이상반응 발생 등 안전성 문제가 우려된다고 판단되는 경우에 한함)

다. 유효성 또는 기능에 관한 자료(다만, 화장품법 시행규칙 제2조제6호의 화장품은 (3)의 자료만 제출한다)

(1) 효력시험자료

(2) 인체적용시험자료

(3) 염모효력시험자료(화장품법 시행규칙 제2조제6호의 화장품에 한함)

라. 자외선차단지수(SPF), 내수성자외선차단지수(SPF, 내수성 또는 지속내수성) 및 자외선A차단등급(PA) 설정의 근거자료(화장품법 시행규칙 제2조제4호 및 제5호의 화장품에 한함)

2. 기준 및 시험방법에 관한 자료(검체 포함)

제5조(제출자료의 요건)

1. 안전성, 유효성 또는 기능을 입증하는 자료
  가. 기원 및 개발경위에 관한 자료
    당해 기능성화장품에 대한 판단에 도움을 줄 수 있도록 명료하게 기재된 자료(언제, 어디서, 누가, 무엇으로부터 추출, 분리 또는 합성하였고 발견의 근원이 된 것은 무엇이며, 기초시험 · 인체적용시험 등에 들어간 것은 언제, 어디서였나, 국내외 인정허가 현황 및 사용현황은 어떠한가 등)
  나. 안전성에 관한 자료
    (1) 일반사항
      「비임상시험관리기준」(식품의약품안전처 고시)에 따라 시험한 자료. 다만, 인체첩포시험 및 인체누적첩포시험은 국내 · 외 대학 또는 전문 연구기관에서 실시하여야 하며, 관련분야 전문의사, 연구소 또는 병원 기타 관련기관에서 5년 이상 해당 시험 경력을 가진 자의 지도 및 감독 하에 수행 · 평가되어야 함
    (2) 시험방법
      (가) [별표 1] 독성시험법에 따르는 것을 원칙으로 하며 기타 독성시험법에 대해서는 「의약품등의 독성시험기준」(식품의약품안전처 고시)을 따를 것
      (나) 다만 시험방법 및 평가기준 등이 과학적 · 합리적으로 타당성이 인정되거나 경제협력개발기구(Organization for Economic Cooperation and Development) 또는 식품의약품안전처가 인정하는 동물대체시험법인 경우에는 규정된 시험법을 적용하지 아니할 수 있음
  다. 유효성 또는 기능에 관한 자료
    (1) 효력시험에 관한 자료심사대상 효능을 뒷받침하는 성분의 효력에 대한 비임상시험자료로서 효과발현의 작용기전이 포함되어야 하며, 다음 중 어느 하나에 해당할 것
      (가) 국내 · 외 대학 또는 전문 연구기관에서 시험한 것으로서 당해 기관의 장이 발급한 자료(시험시설 개요, 주요설비, 연구인력의 구성, 시험자의 연구경력에 관한 사항이 포함될 것)

(나) 당해 기능성화장품이 개발국 정부에 제출되어 평가된 모든 효력시험 자료로서 개발국 정부(허가 또는 등록기관)가 제출받았거나 승인하였음을 확인한 것 또는 이를 증명한 자료

(다) 과학논문인용색인(Science Citation Index 또는 Science Citation Index Expanded)에 등재된 전문학회지에 게재된 자료

(2) 인체적용시험자료

(가) 사람에게 적용 시 효능 · 효과 등 기능을 입증할 수 있는 자료로서 같은 호 다목(1) (가) 또는 (나)에 해당할 것.

(나) 인체적용시험의 실시기준 및 자료의 작성방법 등에 관하여는 「화장품 표시 · 광고 실증에 관한 규정」(식품의약품안전처 고시)을 준용할 것.

(3) 염모효력시험자료

인체모발을 대상으로 효능 · 효과에서 표시한 색상을 입증하는 자료

라. 자외선차단지수(SPF), 내수성자외선차단지수(SPF), 자외선A차단등급(PA) 설정의 근거자료는 다목(2)의 자료로서 아래의 어느 하나에 해당할 것

(1) 자외선차단지수(SPF) 설정 근거자료 [별표 3]

자외선 차단효과 측정방법 및 기준 · 일본(JCIA) · 미국(FDA) · 유럽(Cosmetics Europe) · 호주/뉴질랜드(AS/NZS) 또는 국제표준화기구(ISO 24444) 등의 자외선차단지수 측정방법에 의한 자료

(2) 내수성자외선차단지수(SPF) 설정 근거자료 [별표 3]

자외선 차단효과 측정방법 및 기준 · 미국(FDA) · 유럽(Cosmetics Europe) · 호주/뉴질랜드(AS/NZS) 또는 국제표준화기구(ISO 16217) 등의 내수성자외선차단지수 측정방법에 의한 자료

(3) 자외선A차단등급(PA) 설정 근거자료 [별표 3]

자외선 차단효과 측정방법 및 기준 · 일본(ICIA) 또는 국제표준화기구(ISO 24442) 등의 자외선A 차단효과 측정방법에 의한 자료

2. 기준 및 시험방법에 관한 자료

품질관리에 적정을 기할 수 있는 시험항목과 각 시험항목에 대한 시험방법의 밸리데이션, 기준치 설정의 근거가 되는 자료. 이 경우 시험방법은 공정서, 국제표준화기구(ISO) 등의 공인된 방법에 의해 검증되어야 한다.

제6조(제출자료의 면제 등) ① 「기능성화장품 기준 및 시험방법」(식품의약품안전처 고시), 국제화장품원료집(ICID) 및 「식품의 기준 및 규격」(식품의약품안전처 고시)에서 정하는 원료로 제조되거나 제조되어 수입된 기능성화장품의 경우 제4조제1호나목의 자료 제출을 면제한다. 다만, 유효성 또는 기능 입증자료 중 인체적용시험자료에서 피부이상반응 발생 등 안전성 문제가 우려된다고 식품의약품안전처장이 인정하는 경우에는 그러하지 아니하다.

② 제4조제1호다목에서 정하는 유효성 또는 기능에 관한 자료 중 인체적용시험자료를 제출하는 경우 효력시험자료 제출을 면제할 수 있다. 다만, 이 경우에는 효력시험자료의 제출을 면제받은 성분에 대해서는 효능 · 효과를 기재 · 표시할 수 없다.

③ [별표 4] 자료 제출이 생략되는 기능성화장품의 종류에서 성분 · 함량을 고시한 품목의 경우에는 제4조제1호가목부터 다목까지의 자료 제출을 면제한다.

④ 이미 심사를 받은 기능성화장품[화장품책임판매업자가 같거나 화장품제조업자(화장품제조업자가 제품을 설계 · 개발 · 생산하는 방식으로 제조한 경우만 해당한다)가 같은 기능성화장품만 해당한다]과 그 효능 · 효과를 나타내게 하는 원료의 종류, 규격 및 분량(액상인 경우 농도), 용법 · 용량이 동일하고, 각 호 어느 하나에 해당하는 경우 제4조제1호가목부터 다목까지의 자료 제출을 면제한다.

1. 효능 · 효과를 나타나게 하는 성분을 제외한 대조군과의 비교실험으로서 효능을 입증한 경우
2. 착색제, 착향제, 현탁화제, 유화제, 용해보조제, 안정제, 등장제, pH 조절제, 점도조절제, 용제만 다른 품목의 경우. 다만, 「화장품법 시행규칙」 제2조제10호 및 제11호에 해당하는 기능성화장품은 착향제, 보존제만 다른 경우에 한한다.

⑤ 자외선차단지수(SPF) 10 이하 제품의 경우에는 제4조제1호라목의 자료 제출을 면제한다.

⑥ 자외선을 차단 또는 산란시켜 자외선으로부터 피부를 보호하는 기능을 가진 제품의 경우 이미 심사를 받은 기능성화장품[화장품책임판매업자가 같거나 화장품제조업자(화장품제조업자가 제품을 설계 · 개발 · 생산하는 방식으로 제조한 경우만 해당한다)가 같은 기능성화장품만 해당한다]과 그 효능 · 효과를 나타내게 하는 원료의 종류, 규격 및 분량(액상의 경우 농도), 용법 · 용량 및 제형이 동일한 경우에는 제4조제1호의 자료 제출을 면제한다. 다만, 내수성 제품은 이미 심사를 받은 기능성화장품[제조판매업자가 같거나 제조업자(제조업자가 제품을 설계 · 개발 · 생산하는 방식으로 제조한 경우만 해당한다)가 같은 기능성화장품만 해당한다]과 착향제, 보존제를 제외한 모든 원료의 종류, 규격 및 분량, 용법 · 용량 및 제형이 동일한 경우에 제4조제1호의 자료 제출을 면제한다.

⑦ 삭제

⑧ [별표 4] 제4호의 (2) 2제형 산화염모제에 해당하나 제1제를 두 가지로 분리하여 제1제 두 가지를 각각 2제와 섞어 순차적으로 사용, 또는 제1제를 먼저 혼합한 후 제2제를 섞는 것으로 용법 · 용량을 신청하는 품목(단, 용법 · 용량 이외의 사항은 [별표 4] 제4호에 적합하여야 한다)은 제4조제1호의 자료 제출을 면제한다.

표 4-1 기능성 화장품의 종류

피부 미백에 도움을 주는 제품	
피부 주름개선에 도움을 주는 제품	
피부를 곱게 태워주거나 자외선으로부터 피부를 보호하는 데 도움을 주는 제품	
모발의 색상 변화 · 제거, 또는 영양공급에 도움을 주는 제품	
피부나 모발의 기능 약화로 인한 건조함, 갈라짐, 빠짐, 각질화 등을 방지하거나 개선하는 데 도움을 주는 제품	

2. 기능성 화장품의 위생적인 사용

(1) 미백관리를 위한 기능성 화장품

① 메이크업을 지우기 위한 세정작업을 한다.

② 클렌징 제품을 이용한 메이크업 제거 후 해면을 이용한 제거나 온습포를 사용한 제거, 물 세안 등을 한다.

③ 피부 타입에 맞는 토너를 사용하여 피부를 정돈한다.

④ 미백에 유효한 성분이 함유된 제품인지 확인 후 제품을 선택한다.

⑤ 미백 에센스, 로션과 크림을 순서에 맞추어 스파출라에 적당량 덜어 발라준다.

⑥ 미백 제품 사용 시 오전에 사용할 성분 함유 제품과 저녁에 사용할 성분 함유 제품을 확인 후 사용한다.

(2) 주름개선을 위한 기능성 화장품

① 메이크업을 지우기 위한 세정작업을 한다.

② 클렌징 제품을 이용한 메이크업 제거 후 해면을 이용한 제거나 온습포를 사용한 제거, 물 세안 등을 한다.

③ 피부 타입에 맞는 토너를 사용하여 피부를 정돈한다.

④ 주름개선에 유효한 성분이 함유된 제품인지 확인 후 제품을 선택한다.

⑤ 주름개선 에센스, 로션과 크림을 순서에 맞추어 스파출라에 적당량 덜어 발라준다.

⑥ 주름개선 제품 사용 시 오전에 사용할 성분 함유 제품과 저녁에 사용할 성분 함유 제품을 확인 후 사용한다.

3. 기능성 화장품의 특성

1. 기능성 화장품의 분류

(1) 미백화장품

과도한 멜라닌 색소의 침착을 방지하거나 기존의 침착된 멜라닌 색소의 색을 엷게하여 기미나 주근깨의 생성을 억제함으로써 피부의 미백에 도움을 주는 기능을 가진 화장품을 말한다.

1) 미백화장품의 작용기전

미백화장품은 멜라닌형성세포(Melanocyte)에서 이루어지는 멜라닌 생성 과정의 일부분을 저해하거나 억제해서 멜라닌이 만들어지는 양을 줄이거나 이미 생성된 멜라닌을 환원시키거나 각질박리작용에 의해 외부로 배출시키는 원리를 사용하고 있다.

> **※ 참조**
> 멜라노사이트는 표피의 기저층에 분포하여 전체 표피세포의 5~10%에 불과하지만 강력한 색소침착력으로 피부색을 결정하는 데 충분한 역할을 할 수 있다.

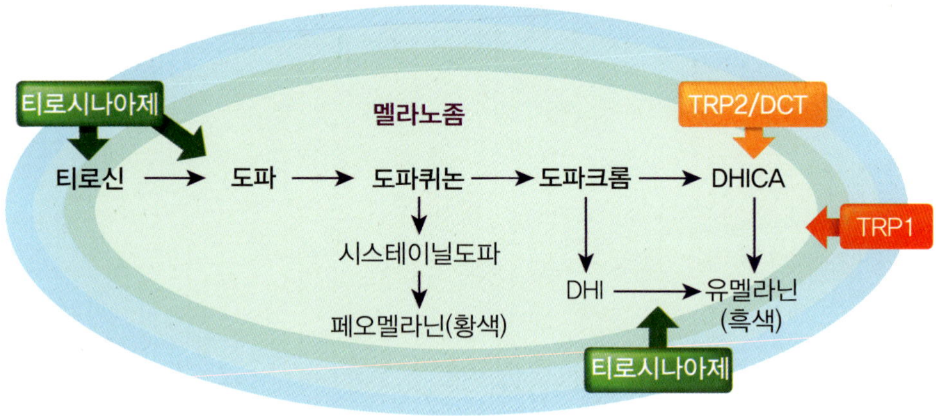

그림 4-1 멜라닌 생성 과정

2) 미백화장품 성분의 이해

① 티로신의 산화를 촉매하는 티로시나아제의 작용을 억제하는 물질

- 알부틴, 코직산, 상백피 추출물, 닥나무 추출물, 감초 추출물 등

② 도파(DOPA)의 산화를 억제하는 물질

- 비타민 C 및 유도체, 글루타치온 등

③ 각질 세포를 벗겨내어 멜라닌 색소를 제거하는 물질

- AHA(α-hydroxy acid), 살리실산, 각질 분해 효소 등

④ 멜라닌 세포 자체를 사멸시키는 물질

- 하이드로퀴논(Hydroquinone)

⑤ 자외선을 차단하는 물질

- 옥틸디메틸 파바, 이산화티탄, 감마오리자놀 등

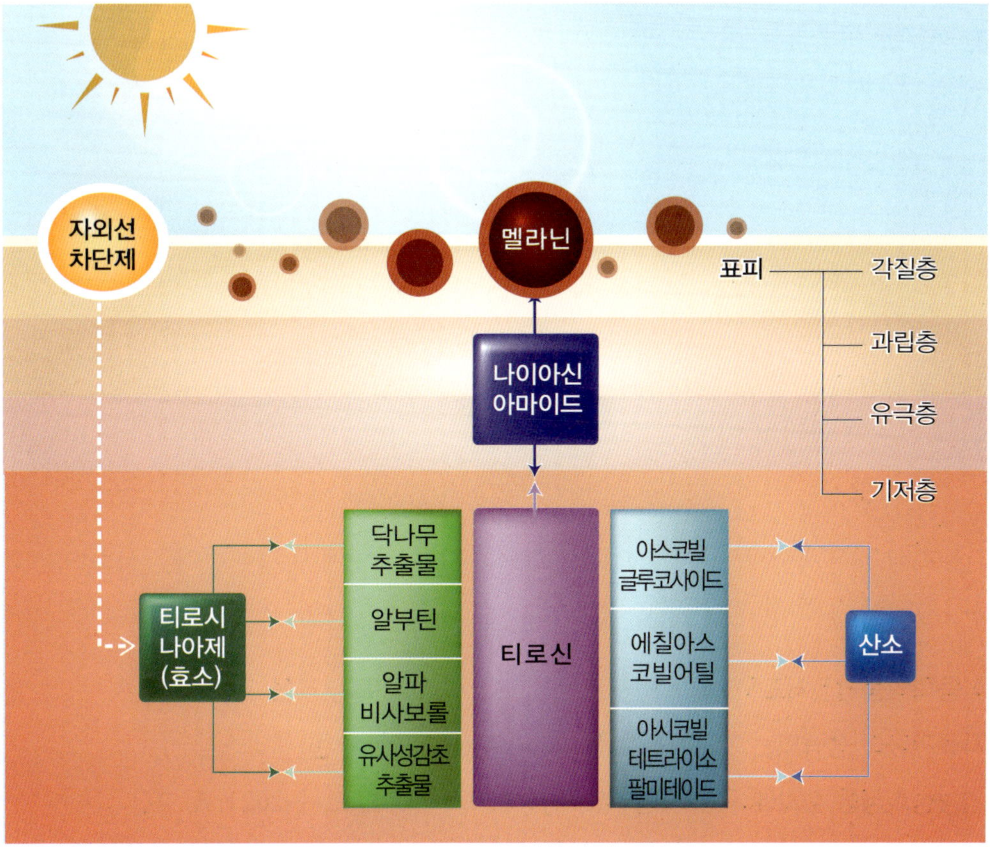

3) 미백화장품의 주요 성분

① 닥나무 추출물

뽕나무과 식물로 티로시나아제 활성을 저해하는 효과가 탁월하다.

② 알부틴

월귤나무와 배나무 잎에서 추출하며, 화학적 합성 시에는 하이드로퀴논 배당체라고도 하며 티로시나아제 활성을 저해한다.

③ 비타민 C와 유도체

감귤이나 레몬 등의 식물에 존재하며 콜라겐 합성을 촉진하며 항산화제와 미백제로 사용한다. 비타민 C는 안전성은 좋지만 안정성에서 쉽게 산화되므로, 각종 유도체를 합성하여 사용한다.

④ 나이아신아마이드

수용성 비타민 B_3를 말하며, 멜라노사이트에서 케라티노사이트로의 멜라닌 이동을 감소시키는 역할을 한다.

⑤ 알파 비사보롤

칸데이아 나무의 가지와 잎에서 추출한 에센셜 오일로, 세포내 멜라닌 합성을 저해한다.

⑥ 코직산

코직산은 멜라닌 생성 억제와 기미, 검버섯, 염증 후 색소침착 방지에도 효과가 있는 것으로 알려져 있다.

⑦ AHA

유기산의 일종으로 표피의 각화작용을 촉진하여 미백에 관여한다. 글리콜산, 젖산, 주석산, 사과산 등을 들 수 있다.

식품의약품안전처고시 제2020-132호, 2020 12. 30., 일부개정

자료제출이 생략되는 기능성화장품의 종류(제6조제3항 관련)

기능성화장품 심사에 관한 규정 [별표4] [제2021-55호, 고시, 2021. 6. 30.]

피부의 미백에 도움을 주는 제품의 성분 및 함량

제형은 로션제, 액제, 크림제 및 침적마스크에 한하며, 제품의 효능 · 효과는 "피부의 미백에 도움을 준다"로, 용법 · 용량은 "본품 적당량을 취해 피부에 골고루 펴 바른다. 또는 본품을 피부에 붙이고 10~20분 후 지지체를 제거한 다음 남은 제품을 골고루 펴 바른다(침적마스크에 한함)"로 제한함

성 분 명	함량
1. 닥나무추출물	2%
2. 알부틴	2~5%
3. 에칠아스코빌에텔	1~2%
4. 유용성감초추출물	0.05%
5. 아스코빌글루코사이드	2%
6. 마그네슘아스코빌포스페이트	3%
7. 나이아신아마이드	2~5%
8. 알파-비사보롤	0.50%
9. 아스코빌테트라이소팔미테이트	2%

(2) 주름개선화장품

주름 예방 및 이미 발생한 주름 개선에 그 기능성을 맞춘 화장품을 말한다.

1) 주름 발생의 원인

① 내적 요인

- 피부의 신장성과 탄력성이 상실되면서 피부가 처져서 주름이 생긴다.
- 초기 주름은 표피의 원인(각질층의 보습력 저하, 피부 건조, 일시적인 영양 부족 등)에서 시작된다.
- 진행이 계속되면 진피의 콜라겐과 엘라스틴의 변성이 초래되어 피부 탄력성이 저하되어 굵은 주름이 된다.

② 외적 요인

- **자외선** : 자외선을 많이 받으면 콜라겐 섬유의 변성과 엘라스틴 섬유의 불필요한 증가를 촉진시킨다. 햇볕에 노출되기 쉬운 부위인 얼굴이나 손 등에 주름이 많이 나타나는 것은 자외선 때문이다.

Check point

자연노화 및 광노화

구분	항목	자연노화	광노화
표피의 변화	표피의 두께	얇아짐	두꺼워짐
	표피세포	규칙적 세포배열 위축됨	무질서한 세포배열 비대해짐
	각질층	통상적인 세포층	세포층이 많아짐
	멜라노사이트	세포 수 감소	세포 수 증가
진피의 변화	탄력섬유조직	세포의 규칙적 배열	변성된 부정형 덩어리 형성
	콜라겐	섬유속이 굵고 방향성이 없음	섬유속과 섬유가 급격히 감소
	섬유아세포	감소, 불활성화	증가, 활성의 증가
	모세혈관	정상적인 혈관	모세혈관 확장증 관찰

- **피부표면 상태** : 피지는 장시간 경과 시 산화되어 과산화지질로 변성하고, 노후 각질이나 메이크업 화장은 피부 보습력을 저하시켜 건조해지면서 주름의 원인이 된다. 그래서 피부표면의 상태는 항상 청결을 유지해야 한다.

- **수면부족** : 수면부족 시, 피부 세포 자체 피로도가 높아 신축성이 저하되어 주름을 형성한다. 피부 신진대사가 활발해지는 시간은 오후 10시부터 오전 2시까지이다. 이 시간대를 포함한 8시간을 수면시간으로 권장한다.
- **기타** : 영양 부족, 피로와 스트레스, 잘못된 피부 손질법

2) 주름 개선 성분

섬유아세포의 성장을 촉진하는 물질, 섬유아세포의 콜라겐 합성을 촉진하는 물질, 활성 산소(Free Radical)를 제거하는 물질 등이 있다.

대표적인 물질이 레티노이드(Retinoid)이다. 레티노이드는 비타민 A와 관련된 화합물의 총칭을 말한다.

① 레티놀

비타민 A 유도체로 레티노산의 전구물질, 주름개선과 미백에 효과가 있다.

② 레틴팔미테이트

레티놀의 유도체로 레티놀보다 안정성과 안전성은 우수하지만 흡수성은 떨어진다.

③ 레틴산

피부 세포의 분화와 증식에 영향을 주며 손상된 콜라겐과 엘라스틴의 회복을 촉진한다.

④ 아데노신

DNA를 구성하고 있는 요소 중 하나로 피부에 잘 침투하는 특징이 있다. 피부 섬유아세포의 활성화 및 단백질 합성을 증가하여 노화로 인한 주름 형성을 개선시켜 준다.

⑤ 코엔자임 Q10

피부를 포함한 생체조직에 존재하는 조효소이다. 노화의 원인인 활성산소를 제거하는 항산화제 역할을 한다. 노화억제와 주름개선 작용이 있다.

⑥ 올레올릭산

라벤더, 로즈마리, 월귤, 정향 등의 식물에 함유된 성분으로 주름개선과 세라마이트 합성을 촉진하고 프로콜라겐 합성을 증가시키는 작용이 있다.

피부의 주름개선에 도움을 주는 제품의 성분 및 함량

제형 : 로션제, 액제, 크림제 및 침적마스크에 한하며, 제품의 효능 · 효과는 "피부의 주름개선에 도움을 준다"로, 용법 · 용량은 "본품 적당량을 취해 피부에 골고루 펴 바른다. 또는 본품을 피부에 붙이고 10~20분 후 지지체를 제거한 다음 남은 제품을 골고루 펴 바른다(침적 마스크에 한함)"로 제한함)

성분명	함량
1. 레티놀	2,500IU/g
2. 레티닐팔미테이트	10,000IU/g
3. 아데노신	0.04%
4. 폴리에톡실레이티드레틴아마이드	0.05~0.2%

(3) 자외선 차단 화장품

인체에 유해한 자외선으로부터 피부를 보호하기 위한 것으로 선스크린(Sun-screen) 또는 선블록(Sunblock)이란 명칭으로 불리며 일반적으로 크림 형태이다.

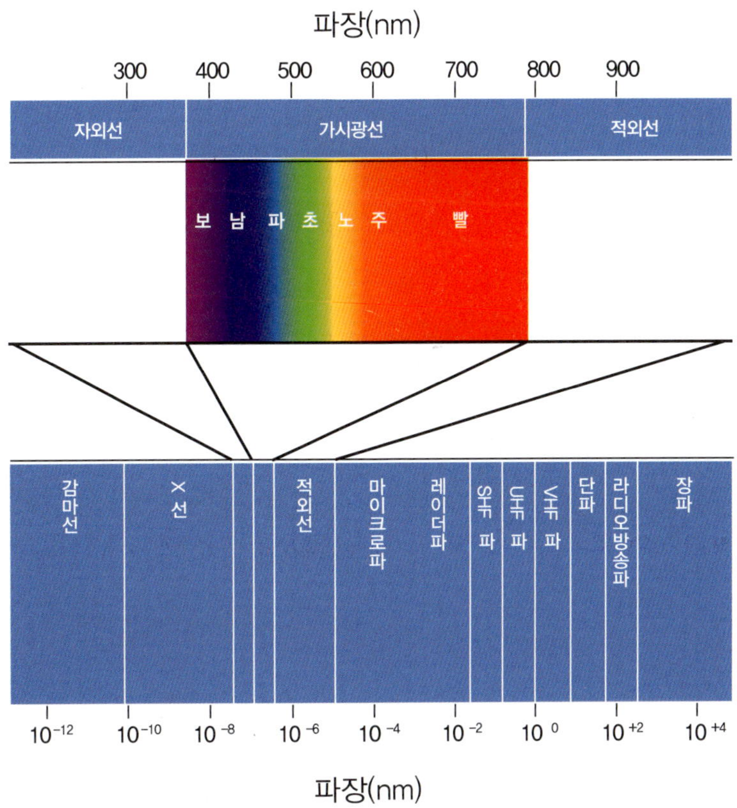

1) 자외선 차단 성분

① 자외선 산란제

이산화티탄, 산화아연과 같은 무기 물질을 이용한다. 물리적인 산란작용에 의해 자외선이 피부 속으로 침투되는 것을 막아준다. 시간 경과에 따른 차단 효과의 저하가 없고 안전성이 높으며 백탁 현상이 있다.

② 자외선 흡수제

옥틸디메틸파바(Octyldimethyl PABA), 옥틸메톡시신나메이트(Octylmethoxy cinnamate)와 같은 유기 물질을 이용한 화학적인 방법이다. 자외선을 흡수시켜 소멸시키며, 흡수제는 투명하기 때문에 백탁 현상이 없다. 사용감은 좋으나 접촉성 피부염을 유발할 수 있어 국가별로 배합 한도를 엄격히 규제하고 있으며, 기초화장품인 크림과 로션에 응용되어 사용되고 있다.

자외선 차단 성분	소재	특성
자외선 산란제	이산화티탄 산화아연	안전성이 높다. 퍼짐성이 좋지 않다. 다량 배합 시 피부색이 부자연스럽다.
자외선 흡수제	옥틸디메틸파바 옥틸메톡시신나메이트	투명하고 사용감이 좋다. 다량 배합 시 접촉성 피부염을 일으킬 수 있다.

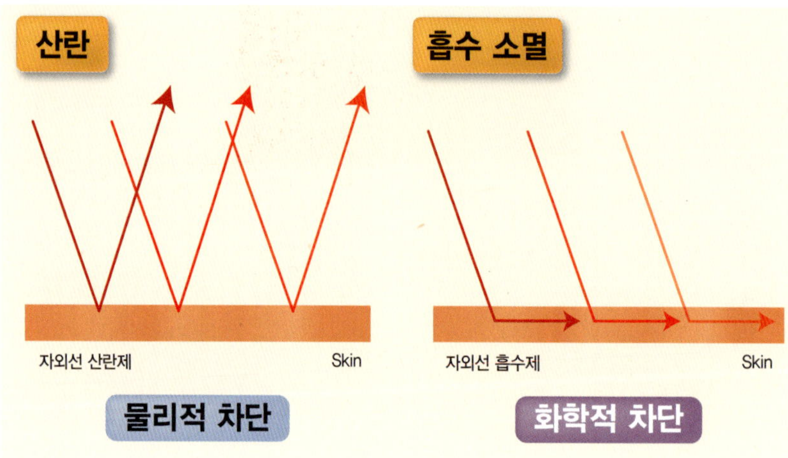

2) 자외선(Ultraviolet rays)의 이해

태양 광선은 자외선, 가시광선, 적외선으로 구분되며, 자외선은 파장에 따라 UVA, UVB 및 UVC로 나뉜다.

① UVA

- 장파장(320~400nm)으로 실내의 유리를 통과할 수 있기 때문에 생활 자외선이라 불린다.
- 색소 침착(suntan)과 콜라겐 손상에 의한 주름 발생의 원인이 된다.
- 광노화를 일으키며 진피 하부까지 침투한다.

② UVB

- 중파장(290~320nm)으로 레저 자외선이라 불린다.
- 비타민 D의 합성을 촉진하고 색소 침착과 일광 화상(sunburn)을 일으킨다.
- 표피 기저층 또는 진피 상층부까지 침투한다.

③ UVC

- 단파장(200~290nm)으로 오존층을 통과하는 과정에서 산란되거나 흡수된다.
- 환경 문제로 오존층이 얇아지거나 구멍이 생겨 오존홀이 생겨 지상에 도달한다.
- 물리적 작용이 강한 자외선으로 세포 조직 자체를 손상시켜 피부암의 원인이 된다.

파장	UVA	UVB	UVC
홍반 발생력	약함	강함	강함
홍반 발현시기	4~6시간	2~6시간	0.5~1.5시간
즉시 색소 침착	강	약	없음
색소 생성	중간	강	약
피부에 미치는 영향	직접적인 선탠 광노화 진피하부까지 침투	간접적 선탠 일광화상 표피 기저층 또는 진피 상층부까지 침투	지상에 도달하기 전 오존층에 흡수, 오존통과 시 지상에 도달하여 피부암을 유발

(4) 자외선 차단지수

1) 자외선 B 차단지수(SPF : Sun Protection Factor)

① 자외선 차단지수 : 화장품이 UVB로부터 피부를 보호할 수 있는 정도를 수치화하여 표시한 것

② 최소홍반량(Minimum erythemal dose, MED) : UVB를 사람의 피부에 조사한 후 16~24시간에서 조사 영역의 거의 대부분에 홍반을 나타낼 수 있는 최소한의 자외선량

③ SPF 1 = 약 10~15분

④ 자외선 차단지수는 2부터 50까지 있으며, 50 이상 제품은 50+로 표시한다.

$$SPF = \frac{\text{제품을 바른 피부의 최소홍반량}}{\text{제품을 바르지 않은 피부의 최소홍반량}}$$

2) 자외선 A 차단지수(PA : Protection factor of UVA)

① UVA에 대한 차단 정도를 나타내는 수치

② 자외선 차단 화장품 도포 부위와 바르지 않은 피부의 최소 지속형 즉시 흑화량(MPPD)의 비

③ 최소 지속형 즉시 흑화량(Minimal persistent pigment darkening Dose :MPPD)은 UVA조사 후 2시간에서 4시간 내에, 조사 영역의 전 영역에 기본적으로 희미한 흑화가 인식되는 최소 자외선 조사량

$$PFA = \frac{\text{제품을 바른 피부의 최소 지속형 즉시 흑화량}}{\text{제품을 바르지 않은 피부의 최소 지속형 즉시 흑화량}}$$

④ PA^{+} : 차단효과 2~3시간 정도, PA^{++} : 4~7시간 정도, PA^{+++} : 8시간 이상

UVA 차단지수(PFA)	UVA 차단등급(PA)	UVA 차단효과
2 이상 4 미만	PA^{+}	있음
4 이상 8 미만	PA^{++}	많이 있음
8 이상	PA^{+++}	매우 많이 있음

자료제출이 생략되는 기능성화장품의 종류 (제6조제3항 관련)

피부를 곱게 태워주거나 자외선으로부터 피부를 보호하는데 도움을 주는 제품의 성분 및 함량

(「화장품법 시행규칙」 [별표 3] Ⅰ. 화장품의 유형(의약외품은 제외한다) 중 영·유아용 제품류 중 로션, 크림 및 오일, 기초화장용 제품류, 색조화장용 제품류에 한함)

성분명	최대함량
1. 드로메트리졸	1%
2. 디갈로일트리올리에이트	5%
3. 4-메칠벤질리덴캠퍼	4.00%
4. 멘틸안트라닐레이트	5%
5. 벤조페논-3	5%
6. 벤조페논-4	5%
7. 벤조페논-8	3%
8. 부틸메톡시디벤조일메탄	5%
9. 시녹세이트	5%
10. 에칠헥실트리아존	5%
11. 옥토크릴렌	10%
12. 에칠헥실디메칠파바	8%
13. 에칠헥실메톡시신나메이트	7.50%
14. 에칠헥실살리실레이트	5%
15. 페닐벤즈이미다졸설포닉애씨드	4%

성분명	최대함량
16. 호모살레이트	10%
17. 징크옥사이드	25%(자외선차단성분으로서)
18. 티타늄디옥사이드	25%(자외선차단성분으로서)
19. 이소아밀p-메톡시신나메이트	10%
20. 비스-에칠핵실옥시페놀메톡시 페닐트리아진	10%
21. 디소듐페닐디벤즈이미다졸테트라 설포네이트	산으로 10%
22. 드로메트리졸트리실록산	15%
23. 디에칠헥실부타미도트리아존	10%
24. 포리실리콘-15(디메치코디에칠벤잘말로네이트)	10%
25. 메칠렌비스-벤조트리아졸릴테트라 메칠부틸페놀	10%
26. 테레프탈릴리덴디캠퍼설포닉애씨드 및 그 염류	산으로10%
27. 디에칠아미노하이드록시벤조일헥실 벤조에이트	10%

모발의 색상을 변화(탈염 · 탈색 포함)시키는 기능을 가진 제품의 성분 및 함량

(제형은 분말제, 액제, 크림제, 로션제, 에어로졸제, 겔제에 한하며, 제품의 효능 · 효과는 다음 중 어느 하나로 제한함)

1) 염모제 : 모발의 염모(색상) 예) 모발의 염모(노랑색)
2) 탈색 · 탈염제 : 모발의 탈색
3) 염모제의 산화제
4) 염모제의 산화제 또는 탈색제 · 탈염제의 산화제
5) 염모제의 산화보조제
6) 염모제의 산화보조제 또는 탈색제 · 탈염제의 산화보조제

(용법 · 용량은 품목에 따라 다음과 같이 제한함)

1) 3제형 산화염모제

제1제 ○g(mL)에 대하여 제2제 ○g(mL)과 제3제 ○g(mL)의 비율로 (필요한 경우 혼합순서를 기재한다) 사용 직전에 잘 섞은 후 모발에 균등히 바른다. ○분 후에 미지근한 물로 잘 헹군 후 비누나 샴푸로 깨끗이 씻고 마지막에 따뜻한 물로 충분히 헹군다. 용량은 모발의 양에 따라 적절히 증감한다.

2) 2제형 산화염모제

제1제 ○g(mL)에 대하여 제2제 ○g(mL)의 비율로 사용 직전에 잘 섞은 후 모발에 균등히 바른다. (단, 일체형 에어로졸제"의 경우에는 "(사용 직전에 충분히 흔들어) 제1제 ○g(mL)에 대하여 제2제 ○g(mL)의 비율로 섞여 나오는 내용물을 적당량 취해 모발에 균등히 바른다"로 한다) ○분 후에 미지근한 물로 잘 헹군 후 비누나 샴푸로 깨끗이 씻고 마지막에 따뜻한 물로 충분히 헹군다. 용량은 모발의 양에 따라 적절히 증감한다.

3) 2제형 비산화염모제

먼저 제1제를 필요한 양만큼 취하여 (탈지면에 묻혀) 모발에 충분히 반복하여 바른 다음 가볍게 비벼준다. 자연 상태에서 ○분 후 염색이 조금 되어갈 때 제2제를 (필요 시, 잘 흔들어 섞어) 충분한 양을 취해 반복해서 균등히 바르고 때때로 빗질을 해준다. 제2제를 바른 후 ○분 후에 미지근한 물로 잘 헹군 후 비누나 샴푸로 깨끗이 씻고 마지막에 따뜻한 물로 충분히 헹군다. 용량은 모발의 양에 따라 적절히 증감한다.

구분	성분명	사용할 때 농도 상한(%)
I	p-니트로-o-페닐렌디아민	1.5
	니트로-p-페닐렌디아민	3
	2-메칠-5-히드록시에칠아미노페놀	0.5
	2-아미노-4-니트로페놀	2.5
	2-아미노-5-니트로페놀	1.5
	2-아미노-3-히드록시피리딘	1
	5-아미노-o-크레솔	1
	m-아미노페놀	2
	o-아미노페놀	3
	p-아미노페놀	0.9
	염산 2,4-디아미노페녹시에탄올	0.5
	염산 톨루엔-2,5-디아민	3.2
	염산 m-페닐렌디아민	0.5
	염산 p-페닐렌디아민	3.3

구분	성분명	사용할 때 농도 상한(%)
	염산 히드록시프로필비스(N-히드록시에칠-p-페닐렌디아민)	0.4
	톨루엔-2,5-디아민	2
	m-페닐렌디아민	1
	p-페닐렌디아민	2
	N-페닐-p-페닐렌디아민	2
	피크라민산	0.6
	황산 p-니트로-o-페닐렌디아민	2
	황산 p-메칠아미노페놀	0.68
	황산 5-아미노-o-크레솔	4.5
	황산 m-아미노페놀	2
	황산 o-아미노페놀	3
	황산 p-아미노페놀	1.3
	황산 톨루엔-2,5-디아민	3.6
	황산 m-페닐렌디아민	3
	황산 p-페닐렌디아민	3.8
	황산 N,N-비스(2-히드록시에칠)-p-페닐렌디아민	2.9
	2,6-디아미노피리딘	0.15
	염산 2,4-디아미노페놀	0.5
	1,5-디히드록시나프탈렌	0.5
	피크라민산 나트륨	0.6
	황산 2-아미노-5-니트로페놀	1.5
	황산 o-클로로-p-페닐렌디아민	1.5
	황산 1-히드록시에칠-4,5-디아미노피라졸	3
	히드록시벤조모르포린	1
	6-히드록시인돌	0.5
II	α-나프톨	2
	레조시놀	2
	2-메칠레조시놀	0.5
	몰식자산	4
	카테콜	1.5
	피로갈롤	2

구분		성분명	사용할 때 농도 상한(%)
Ⅲ	A	과붕산나트륨사수화물	
		과붕산나트륨일수화물	
		과산화수소수	
		과탄산나트륨	
	B	강암모니아수	
		모노에탄올아민	
		수산화나트륨	
Ⅳ		과황산암모늄	
		과황산칼륨	
		과황산나트륨	
Ⅴ	A	황산철	
	B	피로갈롤	

체모를 제거하는 기능을 가진 제품의 성분 및 함량

(제형은 액제, 크림제, 로션제, 에어로졸제에 한하며, 제품의 효능 · 효과는 "제모(체모의 제거)"로, 용법 · 용량은 "사용 전 제모할 부위를 씻고 건조시킨 후 이 제품을 제모할 부위의 털이 완전히 덮이도록 충분히 바른다. 문지르지 말고 5~10분간 그대로 두었다가 일부분을 손가락으로 문질러 보아 털이 쉽게 제거되면 젖은 수건[(제품에 따라서는) 또는 동봉된 부직포 등]으로 닦아 내거나 물로 씻어낸다. 면도한 부위의 짧고 거친 털을 완전히 제거하기 위해서는 한 번 이상(수일 간격) 사용하는 것이 좋다"로 제한함)

식품의약품안전처 – 화장품 향료 중 알레르기 유발물질 표시 지침 v2 (2019. 12. 30.)

화장품 향료 중 알레르기 유발성분

착향제는 "향료"로 표시할 수 있으나, 착향제 구성 성분 중 식약처장이 고시한 알레르기 유발성분이 있는 경우에는 "향료"로만 표시할 수 없고, 추가로 해당 성분의 명칭을 기재한다.

표시대상성분 : 사용 후 씻어내는 제품에서 0.01% 초과, 사용 후 씻어내지 않는 제품에서 0.001% 초과하는 경우에 한함

- 알레르기 유발성분의 표시 기준인 0.01%, 0.001%의 산출 방법 : 해당 알레르기 유발성분이 제품의 내용량에서 차지하는 함량의 비율로 계산

예) 사용 후 씻어내지 않는 바디로션(250g) 제품에 리모넨이 0.05g 포함 시,
  0.05g ÷ 250g × 100 = 0.02% → 0.001% 초과하므로 표시 대상

- 알레르기 유발성분 표시 기준인 "사용 후 씻어내는 제품" 및 "사용 후 씻어내지 않는 제품"의 구분

- 알레르기 유발성분의 함량에 따른 표시 방법이나 순서를 별도로 정하고 있지는 않으나, 전성분 표시 방법을 적용하기를 권장

<table>
<tr><th>현재</th><th>→</th><th colspan="2">개선</th></tr>
<tr><td rowspan="3">A, B, C, D, 향료</td><td rowspan="3">알레르기 유발성분인 리모넨, 리날룰이 포함된 경우</td><td>1안</td><td>A, B, C, D, 향료, 리모넨, 리날룰</td></tr>
<tr><td>2안</td><td>A, B, C, D, 리모넨, 향료, 리날룰</td></tr>
<tr><td>3안</td><td>A, B, 리모넨, C, D, 향료, 리날룰
(함량 순으로 기재)</td></tr>
</table>

- 내용량 10mL(g) 초과 50mL(g) 이하인 소용량 화장품의 경우 착향제 구성 성분 중 알레르기 유발성분 표시는 표시 · 기재를 위한 면적이 부족한 사유로 생략이 가능하나 해당 정보는 홈페이지 등에서 확인할 수 있도록 해야 한다. 또한 소용량 화장품일지라도 표시 면적이 확보되는 경우에는 해당 알레르기 유발 성분을 표시하는 것을 권장한다.

- 식물의 꽃 · 잎 · 줄기 등에서 추출한 에센셜오일이나 추출물이 착향의 목적으로 사용되었거나 또는 해당 성분이 착향제의 특성이 있는 경우에는 알레르기 유발성분을 표시 · 기재하여야 한다.

- 알레르기 유발성분을 포함하여 기존 유통품의 표시 · 기재사항을 변경하고자 한다면 원료목록 보고 시에도 해당 성분을 포함하는 게 적절함

과제 및 수행

1. 사용 목적에 따라 기능성 화장품의 특징을 고려하여 선택한다.

사용 목적	특징
미백	
주름개선	
자외선차단	

2. 선택한 기능성 화장품을 위생적으로 사용할 수 있다.(수행순서를 적으시오)

3. 기능성 화장품의 특성을 고객에게 설명할 수 있다.

기능성 화장품 중 하나의 제품을 선택하여 고객에게 설명하는 프리젠테이션 자료를 만들어 출력 후 붙인다.

Chapter. 05

두피관리 화장품 사용하기

1201010243_17v4.4

Chapter. 5

두피관리 화장품 사용하기

1201010243_17v4.4

1. 두피관리 화장품

1. 두피관리 화장품의 이해

두피화장품이란, 두개골의 체표를 덮고 있는 두개 피부 조직인 두피(Scalp)의 노폐물을 제거하고 영양분을 공급하여 두피를 건강하고 아름답게 유지하도록 도와주는 제품을 말한다.

두피의 구조

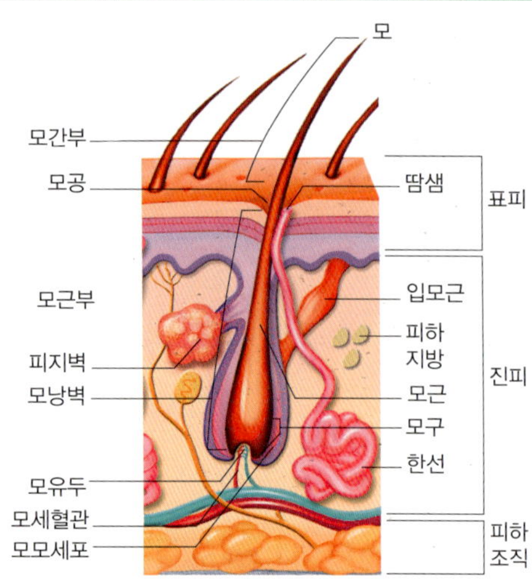

2. 사용목적

① 각질 관리
② 보습 관리
③ 진정 관리
④ 순환 활성화

3. 두피 타입별 특성

두피의 유형은 피지 분비, 각질 상태, 두피 색상, 탄력 등에 따라 나눈다.

(1) 정상 두피

① 모공이 깨끗한 상태로 두피 톤 자체가 청백색의 우윳빛을 띠며 각질이 이상 박리되지 않는다.
② 1개의 모공에 2~3개의 모발이 건강하게 자라고 있다.
③ 두피의 보습 상태가 적절하여 두피 표면에서 윤기가 난다.
④ 일정한 모공 간격을 유지한 상태로 빈 모공이 거의 없는 것이 특징이다.

(2) 건성 두피

① 피지 분비가 원활하지 못해 각질이나 비듬이 있으며, 각질 재생주기의 이상으로 두피에 메마른 각질이 보인다.
② 건조하여 모발에 정전기가 잘 일어난다.
③ 매일 머리를 감지 않아도 두피에 유분이 없고 메마른 상태로 지속된다.
④ 두피가 많이 건조하여 거칠며 날리는 각질이 보인다.
⑤ 영양공급이 원활하지 않아 모발의 푸석함과 손상도가 매우 높다.
⑥ 예민성 두피로 전환될 가능성이 높다.
⑦ 쉽게 염증이 생기고 두피가 가렵고 따가운 느낌이 있다.

(3) 지성 두피

① 과다한 피지로 인해 물이 고여 있는 듯한 촉촉한 상태로 투명감이 없어 둔탁해 보인다.
② 모공 주변은 피지가 산화 과정을 거치면서 색깔이 약간 황색으로 변해 보인다.
③ 모발이 끈적이고 힘없이 가라앉아 있다.
④ 과다한 피지 분비로 지루성 염증이 발생하기도 한다.
⑤ 비듬이 관찰되고 가려움증을 동반한다.

(4) 예민(민감성) 두피

① 붉은색을 띠며 표면에 홍반 및 염증 또는 가느다란 실핏줄들이 육안으로 확인된다.
② 모발은 매우 가늘어져 있는 상태이다.
③ 모세혈관 확장으로 외부의 약한 자극에도 따갑거나 발열 현상으로 민감하게 반응한다.
④ 심한 경우 세균 감염으로 인해 염증성 두피로 발전한다.
⑤ 스타일링을 위한 펌이나 염색 시 자극되어 따갑거나 간지러움증이 발생할 수 있다.

(5) 복합성 두피(두피 : 지성, 모발 : 건성)

① 현대의 젊은 여성들에게 가장 흔한 두피상태이다.
② 두피가 단단해지고 모근에 압박이 가해져 혈액 순환이 제대로 이루어지지 않아 모발에 영양 공급이 되지 않는 경우이다.
③ 2가지 이상의 두피 유형이 공존하고 있다. 피지선에 따라 정수리 부분은 지성 두피가, 측두부에서는 건성 두피가 나타난다.
④ 수면부족, 스트레스, 과로, 식습관 등 생활습관으로 인해 복합성 두피가 발생한다.
⑤ 노화로 인해 피지선 활동이 저하되고 각질세포 재생이 지연되어 지성과 건성이 복합적으로 나타나기도 한다.

(6) 문제성 두피와 그 증상

문제성 두피	증상
건성 두피	각질 재생주기 이상으로 각질박리가 원활하지 못한 두피로, 유수분 부족으로 건조한 두피
지성 두피	피지샘 이상으로 피지가 과다 분비되어 두피 표면이 번들거리고 끈적이며 비듬, 염증, 악취, 가려움증 동반
지루성 두피염	지성 두피와 다소 차이점이 있으며, 피지선이 왕성하게 분포된 부위에 습진 형태로 나타나는 만성 염증
민감성 두피	인체 내외부 요인으로 인해 두피의 민감, 예민도가 증가하며 모세혈관 확장으로 두피가 붉고, 면역력 저하로 인한 세균 감염 등이 우려
건선	자가면역질환으로 경계면이 뚜렷한 두터운 각질이 발생하며 붉은색 구진이 동반되고 전신에 발생할 수 있는 만성 염증성 피부질환
두부백선	두부에 균이 기생하는 질환으로, 두피와 모낭이 피부사상균에 감염

2. 두피관리 화장품의 위생적인 사용

1. 두피관리 화장품 위생적으로 사용하기

① 고객의 두피가 세정되어 있는지 확인한다.

② 고객의 두피를 딥클렌징하기 위해 딥클렌징제가 적셔져있는 스틱을 준비한다.

③ 두피 딥클렌징을 위해 모발을 부분적으로 나누어가며 스틱을 이용해 두피에 딥클렌징한다.

④ 고객의 두피상태에 맞는 보습 또는 영양 공급제를 두피에 사용한다.

⑤ 헤어토닉을 이용하여 마무리한다.

⑥ 사용한 두피 제품은 뚜껑을 닫고 직사광선을 피해 위생적으로 보관한다.

3. 두피관리 화장품의 특성

1. 두피관리 화장품의 종류

(1) 각질 제거 제품 - 두피 세정과 모공 이완

두피 세정을 위한 준비 단계에 사용되며, 모공 속 각질 및 노폐물을 제거하고 모공을 이완시킨다.

(2) 트리트먼트 제품

① 문제성 두피 트리트먼트 제품

피지 조절 또는 과각화 현상의 정상화를 위한 트리트먼트가 주를 이루며 두피의 건성을 방지하는 트리트먼트 제품 등이 있다. 사용 후 세정하는 제품과 마무리 제품으로 분류할 수 있다.

② 두피 앰플 제품

두피 건강이나 탈모 개선을 위해 사용되며, 1회용 앰플이나 스프레이식 제품이 대부분이다. 타월 드라이 후 두피에 골고루 도포한 뒤에 기기를 함께 사용하면 훨씬 더 효과적이다.

③ 헤어 토닉

두피에 청량감을 주어 쾌적함을 주는 제품으로, 비듬과 가려움을 제거하고 모근을 튼튼히 하는 양모제다.

헤어 토닉은 모발과 두피에 영양분을 공급하기 위해 약효 성분들이 많은 약용 식물의 추출물을 사용한다.

문제성 두피 트리트먼트 제품	두피 앰플 제품	헤어 토닉

2. 두피관리 화장품에 사용되는 성분

문제성 두피와 탈모의 진행을 억제하는 방법은 탈모의 원인인 DHT(Dihydro-testosterone) 억제, 콜라겐과 라미닌 활성 촉진, 모낭 각질형성세포 분화 촉진, 모발 성장주기 정상화, 영양공급을 위한 혈액순환 촉진과 항산화, 항염 작용 등을 들 수 있다.

(1) 베이스 성분

① **구리 복합체** : 탈모의 원인인 DHT 억제 기능 및 모발의 성장주기를 정상화하고 모유두 내의 모유다발 밀도를 증가시킨다.

② **비오틴** : 혈액의 생성과 남성 호르몬 분비에 관여하며 피부뿐만 아니라 두피와 모발 재생에도 영향을 미친다.

③ **올레아놀릭산** : 올리브 잎에서 추출하며 항산화제 역할과 탈모의 원인인 5-알파 환원효소를 억제하는 기능이 있다.

④ **아연 피리치온** : 두피를 깨끗하게 유지하며 항균작용을 하여 지루성 두피염의 개선에 효과가 있다.

⑤ **락토페린** : 항균작용, 철 흡수 및 조절, 면역기능 조절, 항산화 작용 등으로 지성두피와 지루성 피부염에 많이 사용된다.

⑥ **난황** : 항염, 항균 작용으로 여드름성 두피와 지성 두피에 사용된다.

⑦ **살리실산** : 모공속 각질과 피지를 제거하고 항균, 항염 작용으로 지성 두피와 지루성 피부염, 염증이 많이 발생된 두피에 사용한다.

⑧ **히알루론산** : 자극으로부터 피부보호와 손상된 피부 재생에 중요한 역할을 한다.

(2) 기능성 성분

① **유사인슐린 성장인자** : 모발의 성장을 촉진하고 손상된 두피 세포를 재생하며, 노화로 인해 혈관이 감소된 경우 새로운 혈관을 생성하여 혈액순환에도 중요한 영향을 준다.

② **섬유아세포 성장인자** : 생성과 성장을 촉진하여 노화로 진행되는 탈모증상에 적합한 성장인자이다.

식약처에서 탈모 증상 완화에 도움을 주는 기능성화장품 중 일부 성분 조합의 경우 제출자료를 면제하는 것을 주요 내용으로 하는 '기능성화장품 심사에 관한 규정' 개정안

별표4에 제 7호를 다음과 같이 신설한다.

탈모 증상의 완화에 도움을 주는 화장품의 성분 및 함량

(제형은 액제, 로션제, 크림제에 한하며, 제품의 효능 · 효과는 "탈모 증상의 완화에 도움을 준다."로, 용법 · 용량 및 유형은 아래표에 따라 제한함)

구분	성분명 및 함량	용법 · 용량
1	복합제로서 덱스판테놀 0.2% 살리실릭애씨드 0.25% 엘-멘톨 0.3%	1. (샴푸) 모발이 젖은 상태에서 적당량을 취하여 모발과 두피에 가볍게 마사지한 후 물로 깨끗이 씻어낸다. 2. (헤어 컨디셔너) 샴푸 후 모발이 젖은 상태에서 적당량을 취하여 모발에 가볍게 마사지한 후 물로 깨끗이 씻어낸다. 3. (헤어 토닉) 본 품을 두피에 적당량을 고루 바른 다음 손가락을 이용하여 마사지하여 충분히 흡수되도록 문질러 준다.

구분	성분명 및 함량	용법 · 용량
2	복합제로서 나이아신아마이드 0.3% 덱스판테놀 0.5% 비오틴 0.06% 징크피리치온액(50%), 2.0%	(샴푸) 모발이 젖은 상태에서 적당량을 취하여 모발과 두피에 가볍게 마사지 한다. 거품을 낸 상태에서 약 3분 동안 기다린 후 물로 깨끗이 씻어낸다.

(3) 아로마 성분

① **건성 두피** : 오렌지, 티트리, 펜넬, 로즈, 벤조인, 미르, 샌달우드

② **지루성, 염증 두피** : 베르가못, 유칼립투스, 그레이프프루트, 레몬, 레몬그라스, 티트리, 클라리세이지, 제라늄, 페퍼민트, 사이프러스

③ **민감성 두피** : 라벤더, 카모마일 저먼, 마죠람, 네롤리, 로즈, 쟈스민

(4) 식물 성분

① **녹차** : 녹차의 카테킨 성분이 항안드로겐 특성을 가지고 있어서 탈모방지에 효과가 있다.

② **고삼** : 항균작용 및 항알레르기 작용으로 피부 염증에 효과가 있어서 습진, 여드름 등의 피부염 치료에 사용된다.

③ **해초** : 단백질, 비타민, 요오드, 철분, 칼슘, 유황 등 머리카락 구성 성분과 유사한 성분이 풍부하다. 단, 요오드 성분이 과다할 경우 피지량을 증가시키므로 지성 · 지루성 두피 적용 시 주의한다.

④ **하수오** : 모근과 모발의 건강함을 유지하여 탈모예방 효과가 있다.

⑤ **측백나무** : 두피의 모공 속 노폐물과 피지를 제거하고 염증과 가려움을 완화시키며 두피의 진정효과를 기대할 수 있다.

3. 두피관리 화장품 사용 시 주의사항

① 두피의 상태와 특성에 맞는지 제품설명서를 읽어본 후 사용한다.

② 손에 덜었던 제품의 내용물을 다시 용기 안에 넣지 않는다.

③ 직사광선을 피해 서늘한 곳에 보관한다.

과제 및 수행

1. 두피 특성에 따른 두피관리 화장품을 선택하여 설명한다.

두피 타입	두피관리 화장품
정상 두피	
건성 두피	
지성 두피	
예민(민감성) 두피	
복합성 두피 (두피는 지성, 모발은 건성)	

2. 선택한 두피관리 화장품을 위생적으로 사용한다.(수행순서를 적으시오)

3. 사용되는 두피관리 화장품의 특성을 설명한다.

두피관리 화장품 종류		특성
각질제거 제품		
트리트먼트 제품	문제성 두피 트리트먼트 제품	
	두피 앰플	
	헤어 토닉	

Chapter. 06

몸매관리 화장품 사용하기

1201010243_17v4.5

1. 몸매관리 화장품
2. 몸매관리 화장품의 위생적인 사용
3. 몸매관리 화장품의 특성

Chapter 6

몸매관리 화장품 사용하기

1201010243_17v4.5

1. 몸매관리 화장품

1. 몸매관리 화장품의 이해

몸매화장품이란 얼굴과 모발을 제외한 인체의 모든 부위를 대상으로 하는 화장품을 말한다.

(1) 몸매 분석 목적

① 고객의 현재 몸매 상태를 파악하는 것은 이상적인 전신관리를 위한 필수적인 단계이다.

② 올바른 전신관리를 위해서는 다양한 분석방법을 이해하고 이를 해석할 수 있어야 한다.

③ 고객의 현재 몸매 상태를 파악하는 것은 고객의 전신상태에 따른 적합한 관리방법을 찾기 위함이다.

④ 몸매 분석은 전신관리 수행 시 문제 발생을 최소화하고자 함이며, 고객의 신뢰감과 만족도를 높이기 위함이다.

⑤ 고객에게 합리적이고 과학적인 프로그램을 제시할 수 있다.

(2) 선천적 몸매와 잘못된 습관에 따른 몸매 구분

① 신체구조 및 장단점을 파악하여 몸매를 구분할 수 있다.

② 잘못된 습관에 의한 부위별 체형을 분류할 수 있다.

③ 올바른 몸매를 위한 자세관리를 할 수 있다.

④ 아름다운 몸매와 피부를 위한 미용관리를 할 수 있다.

(3) 몸매 부위별 문제점 파악 · 부위별 체형에 대해 분류

증상	사용되는 아로마 오일	예시
비만	그레이프프루트, 레몬, 로즈마리, 사이프러스, 라벤더, 쥬니퍼베리, 펜넬	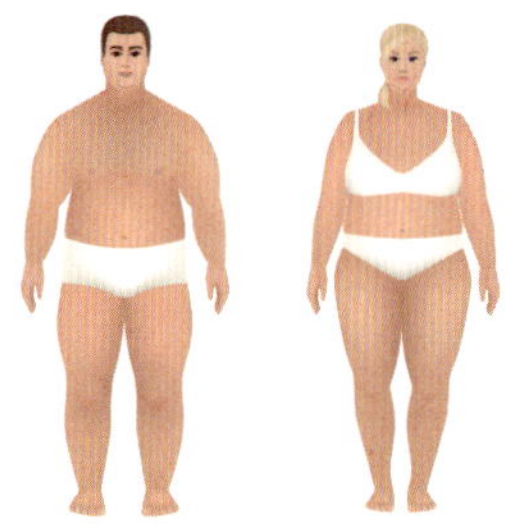
셀룰라이트	사이프러스, 쥬니퍼베리, 레몬, 로즈마리, 펜넬, 제라늄	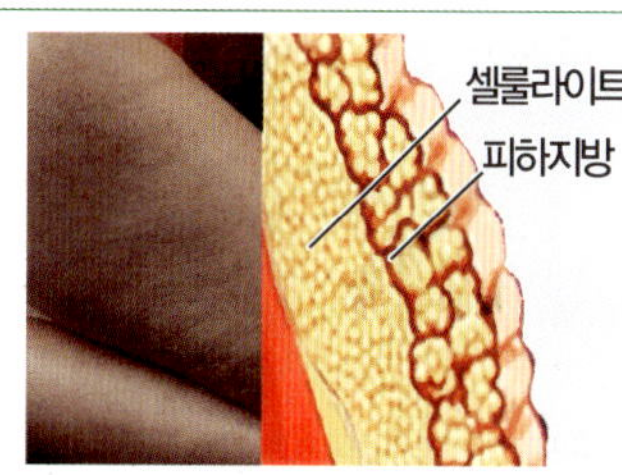
부종관리	캐롯시드, 사이프러스, 펜넬, 쥬니퍼베리, 제라늄, 만다린, 그레이프프루트, 오렌지, 타임, 진저	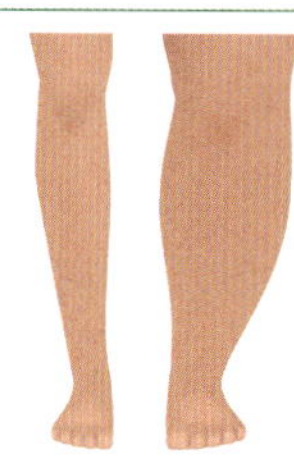
순환저하	레몬, 라벤더, 마조람, 멜리사, 일랑일랑, 세이지, 타임, 로즈마리, 아몬드	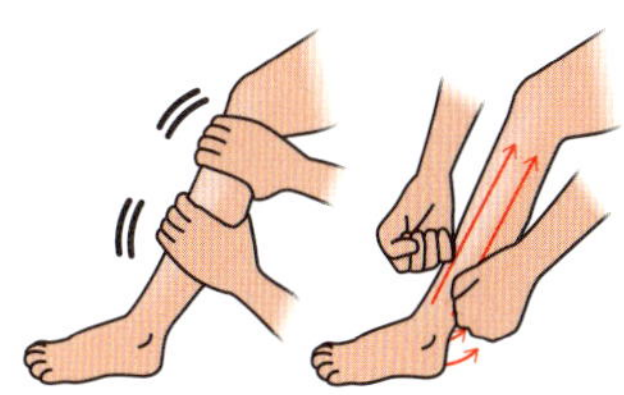
탄력관리	제라늄, 사이프러스, 레몬, 칼렌듈라, 윗점, 알몬드	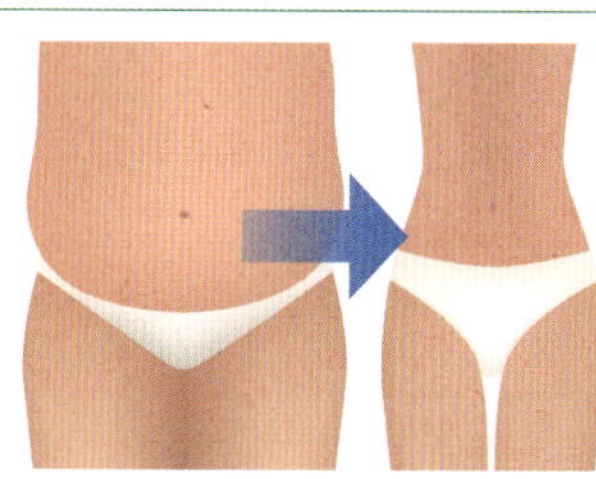

2. 몸매관리 화장품의 위생적인 사용

① 전신 피부상태를 파악하여 몸매 부위에 맞는 화장품을 선택한다.
② 피부 타입에 따른 바디 워시를 적당량 덜어 위생적으로 사용한다.
③ 각질 관리를 위해서 바디 스크럽 제품을 선택한다.
④ 몸매의 영양을 위해서 바디 트리트먼트제를 사용한다.
⑤ 사용한 몸매관리 화장품은 뚜껑을 닫아 밀폐하고 직사광선을 피해 위생적이고 안전하게 보관한다.

3. 몸매관리 화장품의 특성

1. 분류

(1) 세정제

전신의 이물질을 제거하여 청결 유지에 도움을 준다.
(예) 바디 워시, 바디 스크럽 등

<table>
<tr><th colspan="2">세정제</th></tr>
<tr><th>바디 워시</th><th>바디 스크럽</th></tr>
<tr><td></td><td></td></tr>
</table>

(2) 트리트먼트제

전신 피부에 보습과 영양을 부여하는 기능을 한다.

(예) 바디 로션, 바디 크림, 핸드 로션, 핸드 크림, 풋 로션, 풋 크림 등

트리트먼트제			
바디 로션		바디 크림	
핸드 로션		핸드 크림	
풋 로션		풋 크림	

(3) 일소방지제

자외선으로부터 피부를 보호하여 피부 거칠어짐 및 트러블(기미 · 주근깨, 홍반, 염증 등)을 방지하는 기능을 한다.

(예) 선 스크린 크림, 선 스크린 젤, 선 스크린 리퀴드, 선탠 젤, 선탠 오일 등

일소방지제			
선 스크린 크림		선 스크린 젤	
선 스크린 리퀴드		선탠 젤	
선탠 오일			

(4) 방취용 화장품

다른 신체 부위보다 땀 분비가 많은 곳에 사용하며, 냄새를 막기 위해 땀 분비 억제 기능을 한다.

(예) 데오드란트 로션, 데오드란트 스프레이, 데오드란트 파우더, 데오드란트 스틱 등

방취용 화장품			
데오드란트 로션	데오드란트 스프레이	데오드란트 파우더	데오드란트 스틱

2. 몸매관리 화장품 사용 시 주의사항

① 제품설명서를 읽어본 후 신체 부위별 피부 상태에 맞게 사용한다.

② 손에 덜었던 제품의 내용물을 다시 용기 안에 넣지 않는다.

③ 직사광선을 피해 서늘한 곳에 보관한다.

과제 및 수행

1. 피부 상태에 맞게 신체부위별 몸매관리 화장품을 선택한다.

신체부위별 피부상태	선택 화장품
등 부위	
복부 부위	
다리 부위	
팔 부위	

2. 선택한 몸매관리 화장품을 위생적으로 사용한다.(수행순서를 적으시오)

3. 몸매관리 화장품의 특성을 이해하고 고객에게 설명한다.

몸매관리 화장품 분류	몸매관리 화장품 종류	특성
세정제		
트리트먼트제		
일소방지제		
방취제		

Chapter. 07

색조 화장품 사용하기

1201010234_16v3.1

1. 색조 화장품
2. 색조 화장품의 위생적인 사용
3. 색조 화장품의 특성

Chapter. 7

색조 화장품 사용하기

1201010234_16v3.1

1. 색조 화장품

1. 색조 화장품의 이해

(1) 정의

용모를 아름답게 변화시켜 피부를 아름답게 연출하려는 목적으로 사용되는 화장품을 말하며, 미적 역할, 보호적 역할, 심리적 역할을 한다. 메이크업 화장품이라고도 한다.

2. 색조 화장품의 분류

(1) 베이스 메이크업

피부색을 균일하게 정돈하고, 피부 결점을 커버하여 아름답게 보이도록 하기 위한 화장품이다.

1) 메이크업 베이스

① 피부색을 조절하여 피부색을 보정해 준다.

② 파운데이션이 밀착력을 증가시켜 화장의 지속력을 높여 준다.

③ 파운데이션 및 포인트 메이크업 제품에 들어 있는 색소 등으로부터 피부를 보호해 준다.

④ **사용법** : 화장수→에센스→보습 크림을 바른 뒤 파운데이션 전 단계에 손이나 라텍스 스펀지를 이용하여 얼굴 전체에 골고루 펴 바른다.

색상	피부 유형	예 시
그린	여드름, 잡티, 울긋불긋한 피부	
보라	노란빛을 내는 피부 (피부 톤을 밝게 해줌)	
핑크	혈색이 없는 창백한 피부 (화사한 피부 톤 표현)	
블루	붉은 얼굴(하얀 피부 표현)	
오렌지	어두운 피부 톤 표현 시 사용	
베이지	자연스러운 피부 표현, 거칠고 건조한 피부	

2) 파운데이션

① 피부 톤을 일정하게 조절하고 피부결을 정돈하여 이상적인 피부색을 표현한다.

② 피부 결점(기미, 주근깨 등) 커버와 피부 색상을 조절한다.

③ 피부에 광택, 탄력, 투명감을 부여한다.

④ 건조, 바람, 먼지, 추위, 자외선 등으로부터 피부를 보호한다.

⑤ **사용법** : 양 볼과 이마에 소량을 나눠 놓고 손이나 라텍스 스펀지를 이용하여 안쪽에서 바깥쪽 방향으로 얼굴 전체에 골고루 두드리듯 펴 바른다.

3) 파우더

① 피부색을 화사하게 조절한다.

② 파운데이션의 유분기를 제거하고 화장의 지속성을 좋게 한다.

③ **사용법** : 퍼프를 이용하여 피부에 밀착시켜 가볍게 누르면서 바르는 방법과 브러시에 파우더를 묻혀 얼굴에 원을 그리듯이 굴리면서 바르는 방법이 있다.

(2) 포인트 메이크업

베이스 메이크업 화장품과는 달리 얼굴의 특정한 부위에만 사용하는 화장품이다. 아이 메이크업, 립 메이크업, 치크 메이크업 등을 들 수 있다.

1) 아이 메이크업 화장품

① 아이라이너

눈의 윤곽을 강조해 주고, 눈 형태를 변화시켜 눈의 표정을 풍부하게 해준다.

② 마스카라

속눈썹을 길고 풍부하게 하여 눈썹을 강조시켜주는 동시에 아름답게 하는 기능을 지닌다.

③ 아이섀도

눈 주위에 음영을 주어 입체적으로 보이게 하고, 얼굴에 표정을 부여하는 기능을 한다.

④ 아이브로

눈썹의 형태를 정리하여 눈썹을 뚜렷하게 해주는 동시에 얼굴의 표정을 변화시키는 기능을 지닌다.

아이 메이크업 화장품			
아이라이너	마스카라	아이섀도	아이브로

(3) 립 메이크업

입술에 색을 주어 얼굴을 돋보이게 하여 아름답게 하는 동시에 건조와 자외선으로부터 입술을 보호하여 건강하게 한다.

① 립스틱

- 입술에 색상과 윤기를 부여하는 제품으로 안색을 좋게 강조해 준다.

② 립글로스

- 튜브나 봉타입의 제품이 많으며, 보습을 목적으로 만들어진 제품이다.
- 입술에 약간의 색감과 펄감 또는 광택을 주어 입술에 촉촉함과 윤기를 더하기 위해 사용한다.

③ 립틴트

- 입술에 바르는 제품으로 입술에 색상을 자연스럽게 표현해 준다. 가볍고 티나지 않게 발색되기 때문에 립 제품을 바르지 않은 듯한 착각을 준다.

④ 립밤

- 다른 피부보다 피지분비가 적어 트기 쉬운 입술에 영양을 주며, 탄력을 증가시킨다.
- 손상된 입술의 통증을 완화시킨다. 입술에 막을 형성하여 지질층을 보호하며 보습력을 강화시킨다.

⑤ 립라이너

- 립스틱을 바르기 전에 입술 외곽선을 그리는 것으로, 립스틱 번짐을 막아준다.
- 입술 선을 보다 선명하고 아름답게 보이도록 한다.

<table>
<tr><th colspan="5">립 메이크업</th></tr>
<tr><th>립스틱</th><th>립글로스</th><th>립틴트</th><th>립밤</th><th>립라이너</th></tr>
<tr><td></td><td></td><td></td><td></td><td></td></tr>
</table>

(4) 치크 메이크업

① 메이크업 화장의 최종단계에서 볼 부분에 색을 부여하여 얼굴색을 아름답게 하는 동시에 자연스럽고 건강하게 보이게 하는 효과가 있다.

② 볼연지라고 부르며, 윤곽에 음영을 주어 얼굴을 입체적으로 표현하기 위해 사용한다.

③ 볼 부위의 색을 수정하는 목적으로 사용한다.

3. 색조 화장품의 성분

제2조(용어의 정의) 이 고시에서 사용하는 용어의 뜻은 다음과 같다.

1. "색소"라 함은 화장품이나 피부에 색을 띄게 하는 것을 주요 목적으로 하는 성분을 말한다.
2. "타르색소"라 함은 제1호의 색소 중 콜타르, 그 중간생성물에서 유래되었거나 유기합성하여 얻은 색소 및 그 레이크, 염, 희석제와의 혼합물을 말한다.
3. "순색소"라 함은 중간체, 희석제, 기질 등을 포함하지 아니한 순수한 색소를 말한다.
4. "레이크"라 함은 타르색소를 기질에 흡착, 공침 또는 단순한 혼합이 아닌 화학적 결합에 의하여 확산시킨 색소를 말한다.
5. "기질"이라 함은 레이크 제조 시 순색소를 확산시키는 목적으로 사용되는 물질을 말하며 알루미나, 브랭크휙스, 크레이, 이산화티탄, 산화아연, 탤크, 로진, 벤조산알루미늄, 탄산칼슘 등의 단일 또는 혼합물을 사용한다.

6. "희석제"라 함은 색소를 용이하게 사용하기 위하여 혼합되는 성분을 말하며, 「화장품 안전기준 등에 관한 규정」(식품의약품안전처 고시) 별표 1의 원료는 사용할 수 없다.
7. "눈 주위"라 함은 눈썹, 눈썹 아래쪽 피부, 눈꺼풀, 속눈썹 및 눈(안구, 결막낭, 윤문상 조직을 포함한다)을 둘러싼 뼈의 능선 주위를 말한다.

(1) 안료

① 착색 안료(Coloring pigment)

산화철(Iron oxide)과 레이크(Lake) 등이 사용되며, 화장품의 색조 및 피복력을 조절한다.

② 백색 안료(White pigment)

이산화티탄(Titanium dioxide)과 산화아연(Zinc oxide), 탄산칼슘(Calcium car bonate) 등이 주로 사용되며, 색조 조정과 커버력을 담당한다.

③ 체질 안료(Extender pigment)

탈크(Talc), 마이카(Mica), 카올린(Kaolin) 등이 사용되며, 착색 안료의 희석제로, 색조를 조절하고 제품에 퍼짐성과 윤택한 감촉을 주나 커버력은 다소 낮다.

④ 펄 안료(Pearlescent pigment)

색조에 진주 광택, 무지개색 또는 금속 느낌의 광택을 부여하며, 땀에 의해 메이크업이 흐트러지는 것을 방지한다.

「화장품의 색소 종류와 기준 및 시험방법」 고시 전문
(식약처 고시 제2019-73호, 2019.8.29)

사용 기준에 따른 화장품의 색소

영유아용 제품 및 만 13세 이하 어린이용 제품에 사용금지 색소	적색 2호, 102호
사용상 제한이 없는 색소	청색 1호, 2호 ／ 녹색 3호 ／ 황색 4호, 5호 자색 201호
점막에 사용할 수 없는 색소	등색 401호
화장비누에만 사용할 수 있는 색소	피그먼트 적색 5호, 피그먼트 자색 23호, 피그먼트 녹색 7호

(2) 기제

① 유성 원료

유지, 왁스, 탄화수소, 고급 지방산 에스테르, 지방산, 고급 지방산 알코올 등의 지용성 구성 성분으로, 수분의 증발을 억제하고 유연성을 향상시킬 목적으로 사용된다.

② 수성 원료

에탄올, 폴리올, 수용성 고분자 등의 수용성 구성 성분이다.

③ 계면활성제

한 분자 내에 존재하는 친유기와 친수기의 밸런스에 의해 표면 또는 계면의 성질을 여러 가지로 변화시켜 유화, 가용화, 침투, 습윤, 분산, 보습, 살균, 윤활, 유연 등의 작용을 하게 한다.

2. 색조 화장품의 위생적인 사용

(1) 내추럴 메이크업을 위한 색조 화장품의 위생적인 사용

① 피부유형에 맞는 기초화장품을 사용한다.
② 피부톤을 고려하여 피부유형에 맞는 메이크업 베이스를 사용한다.
③ 피부유형과 피부결점을 고려하여 파운데이션을 선택한다.
④ 피부톤을 고려하여 피부보정을 위한 파우더를 사용한다.
⑤ 계절, 장소, 시간에 맞춘 아이섀도 컬러를 사용한다.
⑥ 또렷한 눈매 연출을 위한 아이라이너와 마스카라를 사용한다.
⑦ 눈 화장과 컬러가 조화되는 립 메이크업 제품을 사용한다.
⑧ 전체 화장과 컬러 조화되는 블러셔 컬러 제품을 사용한다.

3. 색조 화장품의 특성

1. 파운데이션

(1) 리퀴드 파운데이션

- 유분보다 수분 함량이 많아 촉촉하고 투명하다.
- 피부친화력과 밀착감이 우수하다.
- 커버력과 지속력이 약하다.
- 자연스러운 메이크업 시 사용한다.

(2) 크림 파운데이션

- 수분보다 유분 함량이 많아 유분 보호막을 형성한다.
- 리퀴드 파운데이션보다 커버력이 우수하다.
- 건성피부와 겨울철 메이크업 시 사용한다.

(3) 스틱 파운데이션

- 커버력과 지속력이 우수하다.
- 피부결점을 효과적으로 감추어 준다.
- 신부 메이크업과 무대 메이크업 시 사용한다.

(4) 팬 케익 파운데이션

- 스펀지에 물을 적셔 바르는 수용성 파운데이션이다.
- 방수성과 지속성이 우수하다.
- 무대 메이크업과 패션쇼 메이크업 시 사용한다.

(5) 파우더 파운데이션

- 파운데이션과 파우더가 하나로 결합된 제품이다.
- 자외선차단제가 함유되어 있으며, 여름철 빠른 메이크업 시 사용한다.

(6) 컨실러

- 색소침착에 사용되는 커버용 파운데이션이다.
- 피부 톤을 조절해 주는 효과가 있다.

리퀴드 파운데이션	
크림 파운데이션	
스틱 파운데이션	
팬 케익 파운데이션	
파우더 파운데이션	
컨실러	

2. 파우더

(1) 투명 파우더

- 파운데이션의 색상을 유지시켜 준다.
- 메이크업 시 피부색을 깨끗하게 마무리해 준다.

(2) 컬러 파우더

피부색에 따른 파우더 선택이 가능하다.

- 그린색 : 붉은 색을 띠는 얼굴에 사용한다.
- 핑크색 : 창백한 얼굴에 혈색을 부여해 준다.
- 퍼플 : 피부톤이 어두울 때와 화사한 메이크업을 연출할 때 사용한다.
- 오렌지 : 건강하고 태닝한 피부 표현 시 사용한다.

(3) 펄 파우더

- 화려한 이미지나 도자기 피부를 연출하고자 할 때 사용한다.
- 수정화장 시 하이라이트 효과를 준다.

파우더		
투명 파우더	컬러 파우더	펄 파우더

3. 포인트 메이크업

(1) 아이 메이크업

- 아이브로 펜슬 : 눈썹 모양을 연출할 때 사용한다.
- 아이라이너 : 눈의 윤곽을 강조할 때 사용한다.
- 아이섀도 : 눈꺼풀의 입체감과 눈매를 연출할 때 사용한다.
- 마스카라 : 속눈썹을 길고 짙게 연출한다.

(2) 립 메이크업

입술을 아름답게 표현하며, 입술에 윤기를 부여하여 아름다움을 연출한다.

구분	장점	단점	예시
모이스처 립스틱	부드러운 사용감 피부 퍼짐성 우수	지속성 떨어짐 유분에 의한 번들거림	
매트 립스틱	번들거림 적음	지속성 떨어짐 화장이 쉽게 흐트러짐	
롱 래스팅 립스틱	지속성 우수	피막형성으로 답답한 느낌 색상의 침착으로 화장 제거가 어려움	

(3) 블러셔

얼굴의 윤곽을 수정하여 입체감을 부여하고자 할 때 사용한다.

4. 색조 화장품 사용 시 주의사항

① 파운데이션의 경우 턱과 목 사이에 경계선이 생기지 않도록 피부색과 유사한 색을 선택하여 잘 펴서 발라야 한다.

② 아이섀도는 피부색보다 1~2톤 어두운 색으로, 하이라이트 컬러는 1~2톤 밝은 색을 선택하여 입체감을 준다.

③ 화장 도구(퍼프, 브러시, 아이섀도 팁 등)는 정기적으로 미지근한 물에 중성 세제로 깨끗이 세탁하여 완전히 건조시켜서 항상 청결한 상태로 사용한다.

④ 손에 덜었던 제품의 내용물을 다시 용기 안에 넣지 않는다.

⑤ 직사광선을 피해 서늘한 곳에 보관한다.

과제 및 수행

1. 피부 부위별 상태에 따라 색조 화장품을 선택한다.(수행순서를 적으시오)

2. 선택한 색조 화장품을 위생적으로 사용한다.(수행순서를 적으시오)

3. 사용되는 색조 화장품의 특성을 고객에게 설명한다.(예시를 들어 설명하시오)

Chapter. 08

방향성 화장품 사용하기

1201010243_17v4.6

Chapter 8

방향성 화장품 사용하기

1201010243_17v4.6

1. 방향성 화장품

1. 방향성 화장품의 정의

착향을 목적으로 사용되는 향수류(오드 퍼퓸, 오데 코롱, 방향파우더, 용연향, 향수비누 등)에 속하는 화장품을 말한다.

향수는 영어로는 퍼퓸(Perfume), 프랑스어로는 파흐퓜(Parfum)이라 하며, 라틴어의 '통하여'라는 per(through)와 '연기'라는 fume(smoke)의 합성어에서 유래되었다.

2. 부향률[1]에 따른 분류

(1) 퍼퓸(Perfume)

① 일반적인 향수를 말한다.

② 15~25%의 향료를 함유한 방향성 화장품 중 가장 농도가 강하다.

1) 향료 원액의 배합 비율

③ 지속시간 : 6~7시간
④ 사용 : 저녁 외출 시 또는 파티 시에 적당량을 포인트에 사용한다.

(2) 오드 퍼퓸(Eau de perfume)

① 10~15%의 향료 함유
② 퍼퓸과 오드 뚜왈렛의 중간 타입으로, 부향률이 퍼퓸보다는 낮기 때문에 경제적이다.
③ 지속시간 : 5~6시간
④ 사용 : 낮 외출 시

(3) 오드 뚜왈렛(Eau de toilette)

① 5~10%의 향료 함유
② 오데 코롱의 가벼운 느낌과 향수의 지속성을 가진다.
③ 지속시간 : 3~5시간
④ 사용 : 사무실

(4) 오데 코롱(Eau de cologne)

① 3~5%의 향료 함유
② 향수를 처음 사용하는 사람에게 적합하다.
③ 지속시간 : 1~2시간
④ 사용 : 운동 후

(5) 샤워 코롱(Shower cologne)

① 2~3%의 낮은 함량의 향료 함유
② 부향률이 낮아 전신에 부담 없이 사용할 수 있는 바디용 방향제품이다.
③ 지속시간 : 약 1시간
④ 사용 : 샤워나 목욕 후 전신

퍼퓸 농도 15~25%
원래 향수라 하면 퍼퓸을 가리킨다.
농도가 15~25%, 지속시간이 7시간 이상이다. 향이 가장 풍부하고 깊이가 있으며, 지속력도 가장 길고 진함도 가장 높다.

오드 퍼퓸 농도 10~15%
농도가 10~15%, 지속시간이 5시간 전후이다.
퍼퓸에 상당히 가까운 농도이면서 일상적으로 사용할 수 있는 타입이다. 줄여서 EDP라고 쓴다.

오드 뚜왈렛 농도 5~10%
농도가 5~10%, 지속시간이 3~4시간이다.
가장 많이 쓰이고 있는 향수 농도이오며, 퍼퓸의 농도가 낮고 초보자도 사용하기에 적합하여 가장 대중적인 향수이다. 줄여서 EDT라고 쓴다.

오데 코롱 농도 3~5%
농도가 3~5%, 지속시간이 1~2시간이다.
가벼운 향으로 기분을 상쾌하게 바꿀 때 효과적이며 농도자체가 부담스럽지 않아 행여 민감한 사람도 충분히 사용할 수 있는 농도이다.

샤워 코롱 농도 2~3%
농도가 2~3%, 지속시간이 1시간 이하이다.
샤워 후에 은은하면서도 산뜻하게 유지시켜 준다.
지속성이 낮아 외출 시 뿌리는 것은 적합하지 않으며 집에서 향을 부담없이 즐길 때 사용할 수 있는 농도이다.

부향률에 따른 분류				
퍼퓸 (Perfume)	오드 퍼퓸 (Eau de perfume)	오드 뚜왈렛 (Eau de toilette)	오데 코롱 (Eau de cologne)	샤워 코롱 (Shower cologne)
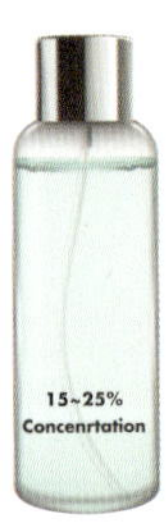	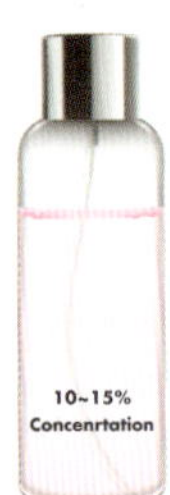	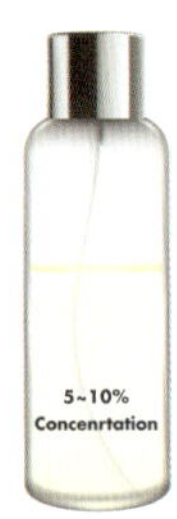		

3. 발산 속도에 따른 분류

휘발성이 각각 다른 향료가 섞여 있는 향수는 시간의 흐름에 따라 다른 향기를 내는데, 이때 향수에서 나오는 후각적인 느낌을 노트(note)라고 하며 발산 속도에 따라 3가지로 분류한다.

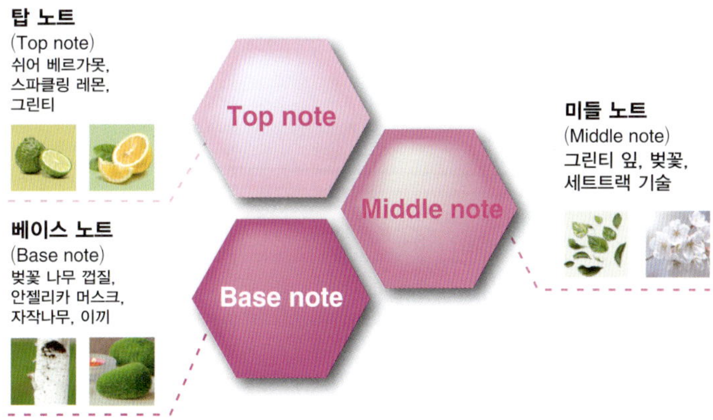

(1) 탑 노트(Top note)

① 향수 용기를 처음 개봉하거나 피부에 뿌렸을 때 즉시 나타나는 향취
② 주로 휘발성이 강한 향료들로 구성
③ 헤드 노트(Head note)라고도 함
④ 시트러스, 그린, 알데히드계, 경쾌한 플로랄계
⑤ **향 지속시간** : 공기 중 노출 후 약 2시간 이내, 체내는 약 24시간

(2) 미들 노트(Middle note)

① 알코올이 날아간 다음 나타나는 향취
② 중간 정도의 휘발성
③ 하트 노트(Heart note)라고도 함
④ 플로랄, 후르츠, 스파이스계, 그린계, 오리엔탈계
⑤ **향 지속시간** : 공기 중 노출 후 약 3~5시간, 체내는 약 72시간

(3) 베이스 노트(Base note)

① 시간 경과 후 자신의 체취와 섞여서 나는 향취
② 휘발성이 낮은 향료들로 구성
③ 라스트 노트(Last note)라고도 하며 향수의 기본성격과 지속적인 품질을 결정
④ 무스크, 우디, 엠버계, 오리엔탈계
⑤ 향 지속시간 : 공기 중 노출 후 약 6~11시간, 체내는 약 7일

4. 원료에 따른 분류

향을 원료에 따라 구분하면 천연 향료(동물성 향료, 식물성 향료)와 합성 향료로 분류할 수 있다.

(1) 동물성 향료

동물의 특수한 분비물이나 병적산물에서 얻으며 짙은 향취를 가지고 있다. 생산량이 적어 고가이기 때문에 고급 향수에만 사용된다.
① **머스크**(Musk, 사향) : 사향 노루(수컷)의 생식선에서 얻음
② **시베트**(Civet, 영묘향) : 사향 고양이(암컷과 수컷)의 분비선낭에서 얻음
③ **카스토리움**(Castoreum, 해리향) : 비버(암컷과 수컷)의 분비선낭에서 얻음
④ **앰버그리스**(Ambergris, 용연향) : 향유고래의 장내 결석에서 얻음

머스크(Musk)	시베트(Civet)	카스토리움 (Castoreum)	앰버그리스 (Ambergris)

(2) 식물성 향료

식물의 꽃 · 가지 · 잎 · 줄기, 나무껍질 · 뿌리 · 열매나 종자, 이끼류, 풀, 수액 등에서 얻으며 종류와 생산량이 풍부하여 많이 사용된다. 흔히 에센셜 오일이라고도 한다.

(3) 합성 향료

천연 향료의 방향 성분과 같은 물질(예 : 탄화수소계, 알코올계, 알데히드계, 케톤계 등)을 모방하여 석탄, 석유, 천연가스, 유지 혹은 천연 향료 등을 원료로 화학적 조작에 의해 만든 것으로 4,000여 종이 있지만 그 중 500~600여 종이 조합에 이용되고 있다.

(4) 조합 향료

천연 향료와 합성 향료를 목적에 맞게 적절히 혼합하여 만든 향료를 말한다. 향료 소재의 조합에 따라 식품 향료(Flavor)와 비식품 향료(Perfume)로 나뉜다.

5. 향취 타입에 따른 분류

(1) 플로랄(Floral)

① 장미, 자스민, 라일락, 수선화, 네롤리, 일랑일랑 등의 단일 향을 사용한 청순한 느낌의 싱글 플로랄과, 두 종류 이상의 꽃향기를 조합시킨 우아한 느낌의 플로랄 부케로 나뉨

② 가장 많이 사용되며 누구에게나 쉽게 받아들여지는 향

(예) 랑방 '아르페지', 에르메스 '아마존'

(2) 시트러스(Citrus)

① 레몬, 베르가못, 오렌지, 자몽, 라임 등 감귤계의 과피에서 나는 상큼하고 상쾌한 향

② 남녀 모두 사용가능한 중성적인 향으로 탑 노트에 가장 많이 사용

(예) 캘빈클라인 'ck1', 겔랑 '오드콜로뉴 임페리얼'

(3) 그린(Green)

① 바이올렛 잎에서 추출한 에센셜 오일이나 피스타치오 등이 원료로 사용
② 숲속의 풀잎 향과 젖은 나뭇잎에서 느껴지는 싱그럽고 신선한 향
(예) 구찌 '엔비', 피에르발망 '방베르'

(4) 시프레(Chypre)

① 식물성 향(떡갈나무 이끼인 오크모스와 베르가못, 오렌지, 장미 등)과 동물성 향(사향, 용연향 등)이 조화를 이룬 향
② 20대 후반이나 30대의 차분한 여성에게 어울리는 조용하고 온화하며 성숙한 여성미를 느끼게 하는 향
③ 가을과 겨울에 어울리는 향
(예) 크리스찬디올 '미스디올', 그레 '카보샤'

(5) 푸제아(Fougere)

① 식물성 향(라벤더, 오크모스, 장미, 샌달우드, 파촐리 등)에 동물성 향(사향, 용연향 등)을 첨가하여 중후한 향을 냄
② 싱싱하고 촉촉한 느낌이 복합된 남성에게 어울리는 향
(예) 파코라반 '라반푸어옴므'

(6) 오리엔탈(Oriental)

① 동물에서 채취한 천연 향료로, 따뜻하고 깊으며 여성스러운 농후한 향

② 지속성이 강하여 다량 사용하면 불쾌감을 줄 수 있어 사용 시 주의

(예) 겔랑 '살리마'

(7) 우디(Woody)

① 샌달우드, 파인, 시더우드, 파촐리 등을 원료로, 수목이 우거진 나무를 연상시키는 향

② 건조하고 중후하며 고상한 향으로 겨울에 잘 어울리고 남성 화장품에 많이 배합

(예) 겔랑 '오드베티베르', 지방시 '젠틀맨'

(8) 기타

① 프루티(Fruity)

달콤하고 귀여운 과일 향취로 발랄한 소녀에게 잘 어울림

(예) 겔랑 '미츠코'

② 파우더리(Powdery)

순수하고 달콤한 느낌과 부드러우면서 관능적 느낌의 향

(예) 샤넬 No.22

③ 스파이시(Spicy)

자극적이고 관능적인 향으로 남성이 주로 사용하는 향

(예) 샤넬 '코코'

④ 알데히딕(Aldehydic)

세련되고 고혹적인 여성을 나타내는 대표향

(예) 샤넬 'No.5'

2. 방향성 화장품의 위생적인 사용

1. 방향성 화장품의 역할과 선택

(1) 화장품에서의 향료의 역할

① 화장품 원료 중 고유의 냄새를 가진 것을 마스킹(Masking)하는 중요한 역할을 한다.

② 기호가 높은 매력적인 향료의 사용은 소비자의 화장품 선택 시 영향을 미친다.

③ 향은 사람의 감정과 정서에 감각을 부여하여 선택한 화장품의 사용감과 효과에도 영향을 미친다.

④ 향료 자체의 항균성과 항산화 기능으로 보존제의 역할을 한다.

(2) 향수의 선택

① 후각은 초저녁 이후 민감하므로 오후 늦게 향수를 선택하는 것이 좋다.
② 여성은 배란기 때 후각이 예민해지므로 이때 향수를 선택하는 것이 좋다.
③ 향은 시향지에 묻혀 테스팅한다.
④ 한꺼번에 여러 가지 향수의 향을 맡지 않는다.
⑤ 나이, 옷, 시간, 장소에 따라 향수를 선택하는 것이 좋다.

2. 향수 사용법

① 인체 사용 시 : 맥박이 뛰고 체온이 높은 곳(귀 뒤, 손목, 정강이 안쪽, 목덜미 등)
② 옷 또는 액세서리 : 상의나 스커트 안쪽 단, 수트, 넥타이의 안쪽 등

3. 계절별 향수 사용

① 봄 : 플로랄(여성스러움 강조)
② 여름 : 그린(숲속 싱그러움)
③ 가을 : 플로랄 알데히드(지적인 느낌) 또는 오리엔탈(따스한 느낌)
④ 겨울 : 오리엔탈

4. 시간에 따른 향수 사용

① 아침 : 시트러스
② 점심 : 그린, 플로랄그린
③ 저녁 : 시프레, 오리엔탈

5. 장소에 따른 향수 사용

① 실외 : 시트러스, 그린
② 실내 : 플로랄(낮), 오리엔탈(저녁)

③ 사무실 : 플로랄이나 시트러스로 퍼퓸보다는 오드 뚜왈렛이나 오데 코롱이 적당하다.
④ 런치 파티 : 평소 사용하는 향수를 사용하되 오드 뚜왈렛을 이용한다.
⑤ 이브닝 파티 : 플로랄, 우디, 오리엔탈 중 자신이 좋아하는 향을 사용하되 퍼퓸을 사용한다.

3. 방향성 화장품의 사용 시 주의사항

1. 보관 시 주의사항

(1) 보관방법

① 향수는 온도와 빛에 영향을 많이 받으므로 어둡고 통풍이 잘 되는 곳에 보관한다.
② 13~15℃ 정도가 적당하며 온도가 일정한 곳이 바람직하다.
③ 개봉과 동시에 산화되므로 사용 후 반드시 뚜껑을 잘 닫는다.

2. 사용 시 주의사항

① 얼룩지기 쉬운 흰색 옷, 모피, 가죽 제품 등에는 직접 사용하지 않는다.
② 한 번에 2가지 이상의 향수를 동시에 사용하지 않는다.
③ 상처있는 피부에 직접 사용하지 않는다.
④ 액와부(겨드랑이) 주변은 향수를 사용하지 않는다.
⑤ 향은 직접 코에 대고 맡지 않는다.
⑥ 향수가 눈이나 입에 들어가지 않도록 주의한다.

3. 선택 시 주의사항

① 한꺼번에 여러 가지 향수의 향을 맡지 않는다.
② 나이, 옷, 시간, 장소에 따라 향수를 선택한다.

과제 및 수행

1. 방향성 화장품의 분류 방법에 대해 설명한다.

부향률에 따른 분류	함량, 지속시간 및 특성
퍼퓸(Perfume)	
오드 퍼퓸 (Eau de perfume)	
오드 뚜왈렛 (Eau de toilt)	
오데 코롱 (Eau de cologne)	
샤워 코롱 (Shower cologne)	

발산속도에 따른 분류	특성
탑 노트 (Top note)	
미들 노트 (Middle note)	
베이스 노트 (Base note)	

원료에 따른 분류	특성
동물성 향료	
식물성 향료	
합성 향료	
조합 향료	

향취 타입에 따른 분류	특성
플로랄(Floral)	
시트러스(Citrus)	
그린(Green)	
우디(Woody)	
기타	

2. 방향성 화장품의 사용법에 대해 설명한다.

3. 방향성 화장품의 사용 시 주의사항에 대해 설명한다.

4. 방향성 화장품의 보관방법에 대해 설명한다.

5. 방향성 화장품의 선택 방법에 대해 설명한다.

참고 문헌

- 김경영·배유경·이은주·김수미·김은애·안선례, "에센스 화장품학", 메디시언, 2013.
- 김기연·박은경·이승화 외, "화장품성분학사전", 현문사, 2011.
- 김주덕, "최신 화장품학" 광문각, 2011.
- 이민화·구영순 편저, "향장품과학입문", 신광출판사, 1996.
- 진종언·김영길·노재경 외, "개정판 화장품학", 정담미디어, 2008.
- 조미영·조종환·강인오 외, "화장품학", 훈민사, 2005.
- 최은영, "화장품학", 훈민사, 2015.
- 하병조, "화장품성분", 수문사, 2010.
- 한국두피모발관리사협회, "Level Ⅱ–TRICHOLOGIST.Ⅰ", 도서출판 예림, 2006.
- 국가법령정보센터, "화장품법 자료", 2022.12.18.
- https://www.google.co.kr/webhp
- http://search.zum.com/search.zum?method
- 화장품법 제2조(정의)
- 화장품법 시행규칙 제2조(기능성화장품의 범위)
- 화장품법 제9조 안전용기·포장
- 화장품법 제18조 안전용기·포장 대상 품목 및 기준
- 화장품법 제10조 화장품의 기재사항
- 화장품법 시행규칙 제19조 화장품 포장의 기재·표시 등
- 화장품법 제4조의2 영유아 또는 어린이 사용 화장품의 관리
- 화장품법 시행규칙 제10조의2 영유아 또는 어린이 사용 화장품의 표시·광고
- 식품의약품안전처고시 제2022년–12호, 2022. 2. 18., 일부개정
- 식품의약품안전처 화장품 안정성시험 가인드라인 (민원인 안내서)
- 화장품법 기능성화장품 심사에 관한 규정 제4조(제출자료의 범위)
- 화장품법 시행규칙 품지관리기준–제7조(별표1)

교육역량강화!!

COSMETOLOGY PRACTICE STUDY GUIDEBOOK

화장품학 실습 스터디 가이드북

2018년 3월 5일 초판 발행
2023년 2월 20일 개정판 발행

저 자 이은우 · 강승연 · 김은숙 · 최윤정
김선희 · 김희숙 · 박혜련 · 윤미숙

발행인 주 병 오 / 주 민 기

발행처 메디시인

경기도 파주시 회동길 209
파주출판문화정보산업단지

영업팀(031)955－7566 · 7577
편집디자인팀 (031)955－7731
F A X (031)955－7730
홈페이지 www.ji-gu.co.kr
이메일 jigupub@hanmail.net

ISBN 979-11-90839-80-8 값 20,000원